高等学校电子信息类专业"十三五"规划教材

数字电路与 EDA 实验

任爱锋　袁晓光　编著

孙肖子　主审

西安电子科技大学出版社

内 容 简 介

本书基于台湾友晶科技 DE0 开发板实验平台,介绍了 Altera Quartus Ⅱ EDA 软件及 Nios Ⅱ EDS 嵌入式设计软件的基本应用。全书共 6 章:第 1 章介绍了台湾友晶科技 DE0 开发板、硬件描述语言及基本的 EDA 设计方法及相关工具软件;第 2 章介绍了基于 FPGA 的嵌入式开发工具 Nios Ⅱ-Eclipse,并给出了详细的设计实例;第 3 章为 EDA 初级实验项目及其实现方法;第 4 章为 EDA 中级实验项目及其实现方法;第 5 章为 EDA 提高实验项目及其实现方法;第 6 章为 EDA 实验项目推荐等。

本书对于 EDA 技术的介绍比较全面,结构安排由浅入深,可作为电子工程、通信工程、自动控制、电子科学与技术、电气信息工程、微电子等专业专科、本科及研究生数字电路与 EDA 相关课程的实验教材及课程设计的参考书,还可作为电子类设计大赛学生的设计参考书,或相关工程技术人员的参考书。

图书在版编目(CIP)数据

数字电路与 EDA 实验/任爱锋,袁晓光编著. —西安:西安电子科技大学出版社,2017.8
高等学校电子信息类专业"十三五"规划教材
ISBN 978-7-5606-4547-6

Ⅰ. ① 数… Ⅱ. ① 任… ② 袁… Ⅲ. ① 数字电路—电子技术—实验 Ⅳ. ① TN79-33

中国版本图书馆 CIP 数据核字(2017)第 160872 号

策　　划	云立实
责任编辑	买永莲
出版发行	西安电子科技大学出版社(西安市太白南路 2 号)
电　　话	(029)88242885　88201467　　邮　编　710071
网　　址	www.xduph.com　　　　　电子邮箱　xdupfxb001@163.com
经　　销	新华书店
印刷单位	陕西利达印务有限责任公司
版　　次	2017 年 8 月第 1 版　　2017 年 8 月第 1 次印刷
开　　本	787 毫米×1092 毫米　1/16　印　张　15
字　　数	365 千字
印　　数	1~3000 册
定　　价	28.00 元

ISBN 978-7-5606-4547-6/TN
XDUP 4839001-1
如有印装问题可调换

本社图书封面为激光防伪覆膜,谨防盗版。

前　言

西安电子科技大学国家电工电子教学基地（国家级教学实验中心）EDA 实验室创建于 1997 年，在创建之初就得到了 Altera 公司、Xilinx 公司等可编程器件厂商的大力支持。为了适应新技术的发展，2006 年 EDA 实验室正式挂牌为"西电—Altera EDA/SOPC 联合实验室及培训中心"，EDA 实验室的校级选修课"高密度在系统可编程技术及应用"课程作为电子工程学院所有专业学生的必修课，更名为"数字电路与 EDA 实验"。每年有上千名学生在 EDA 实验室学习 FPGA 设计技术，有近 10 位教师负责不同专业学生的授课。经过多年的授课实践及教学讨论，为了进一步规范该课程的教学内容，我们特编写了本书。本书也是学校教材立项重点建设教材。

本书内容编排如下：

第 1 章介绍了 EDA 设计的硬件开发平台与开发工具。本书所有设计实例工程都基于台湾友晶科技的 DE0 开发板，因此本章介绍了 DE0 开发板的主要资源及 Cylcone Ⅲ FPGA。本章还介绍了 VHDL 和 Verilog 基本编程结构和语法，Quartus Ⅱ EDA 软件的完整设计过程，并给出了一个完整的 DDS 信号发生器设计实例。ModelSim-Altera 仿真工具以及 SignalTap Ⅱ 嵌入式逻辑分析仪 FPGA 调试工具也在本章中给出了简单的介绍。第 2 章介绍了基于 FPGA 的嵌入式开发工具，包括 Qsys 系统综合工具，Nios Ⅱ 嵌入式软核及其开发软件 Nios Ⅱ-Eclipse，最后给出了一个完整的基于 Nios Ⅱ 控制的 DDS 信号发生器实例。第 3 章为 EDA 初级实验，给出了 5 个完整的实验设计。第 4 章为 EDA 中级实验，给出了 2 个完整的中级难度实验。第 5 章为 EDA 提高实验，给出了 3 个具有一定难度的设计实验。第 6 章给出了 6 个推荐的 EDA 实验项目，其中只给出了设计要求及简单的设计分析；同时给出了 EDA 综合设计报告的参考格式，供读者在编写综合设计报告时参考。附录部分给出了 VHDL 和 Verilog 编程中常用的逻辑符号，以及台湾友晶科技 DE0 开发板的 FPGA 引脚分配表和原理图。本书中 DDS 设计实例贯穿始终，从最基本的 DDS 信号产生原理图设计到作为软核 Nios Ⅱ 处理器外设的 Qsys 自定制外设控制，读者可以根据实例体会整个 Altera EDA 工具的设计思想和流程。

任爱锋编写了本书的第 1、2、5、6 章和附录，并负责统筹全稿；袁晓光编写了第 3、4 章。西安电子科技大学的孙肖子教授在百忙之中审阅了全书并提出了许多宝贵的建议和修改意见，在此表示诚挚的谢意。此外，实验中心的王爽教授、周佳社教授对本书的编排给予了大力支持和帮助，在此一并表示感谢。

由于编者水平有限，书中难免有疏漏和不妥之处，恳请读者批评指正。

编　者
2017 年 3 月 15 日

目 录

第 1 章 EDA 硬件开发平台与开发工具 1
1.1 硬件开发平台简介 1
1.1.1 Cyclone Ⅲ FPGA 简介 1
1.1.2 台湾友晶科技 DE0 FPGA 开发板 3
1.1.3 台湾友晶科技 DE0 开发板的应用 4
1.2 硬件描述语言 11
1.2.1 VHDL 简介 12
1.2.2 Verilog HDL 关键语法 18
1.2.3 HDL 的编程技术 20
1.3 Quartus Ⅱ 13.0 EDA 软件应用 21
1.3.1 创建新工程 23
1.3.2 建立原理图编辑文件 26
1.3.3 建立文本编辑文件 40
1.3.4 建立存储器编辑文件 41
1.3.5 设计实例 45
1.3.6 项目综合 49
1.3.7 Quartus Ⅱ 编译器选项设置 50
1.3.8 引脚分配 57
1.3.9 项目编译结果分析 59
1.3.10 项目程序下载编程 61
1.4 ModelSim-Altera 10.1d 简介 63
1.4.1 ModelSim 软件架构 63
1.4.2 ModelSim 软件仿真应用实例 64
1.5 FPGA 调试工具 SignalTap Ⅱ 应用 68
1.5.1 在设计中嵌入 SignalTap Ⅱ 逻辑分析仪 68
1.5.2 使用 SignalTap Ⅱ 进行编程调试 73
1.5.3 查看 SignalTap Ⅱ 调试波形 74

第 2 章 基于 FPGA 的嵌入式开发工具 76
2.1 Qsys 系统开发工具 76
2.1.1 Qsys 与 SOPC 简介 76
2.1.2 Qsys 系统主要界面 77

2.2 Nios II 嵌入式软核及开发工具介绍 82
2.2.1 Nios II 嵌入式处理器 82
2.2.2 Nios II 嵌入式处理器软硬件开发流程 82
2.3 FPGA 嵌入式系统设计实例 84
2.3.1 实例系统软硬件需求分析与设计规划 84
2.3.2 实例系统硬件部分设计 86
2.3.3 实例系统 Nios II 嵌入式软件设计 102

第 3 章 EDA 初级实验 114
3.1 流水灯实验 114
3.1.1 实验要求 114
3.1.2 实验基本要求的设计示例 115
3.2 计时器实验 123
3.2.1 实验要求 123
3.2.2 实验基本要求的设计示例 124
3.3 单稳态触发器实验 130
3.3.1 实验要求 130
3.3.2 实验基本要求的设计示例 130
3.4 脉宽调制(PWM)实验 134
3.4.1 实验要求 134
3.4.2 实验基本要求的设计示例 135
3.5 直接数字频率合成(DDS)波形发生器实验 136
3.5.1 实验要求 136
3.5.2 实验基本要求的设计示例 136

第 4 章 EDA 中级实验 141
4.1 呼吸流水灯实验 141
4.1.1 实验要求 141
4.1.2 实验基本要求的设计示例 141
4.2 通用异步串行收发(UART)实验 150
4.2.1 实验要求 150
4.2.2 实验基本要求的设计示例 150

第 5 章 EDA 提高实验 162
5.1 VGA 视频信号产生实验 162
5.1.1 设计原理 162

  5.1.2　VGA 同步信号产生 ... 165
  5.1.3　字符的视频显示设计 ... 169
  5.1.4　跳动的矩形块视频显示设计 ... 173
 5.2　Qsys 用户自定制外设实验 ... 175
  5.2.1　Qsys 用户自定制元件说明 ... 175
  5.2.2　Qsys 自定义资源库组件实例——DDS 信号产生模块 ... 178
 5.3　PS/2 键盘接口的 FPGA 设计 ... 192
  5.3.1　PS/2 连接器接口 ... 192
  5.3.2　键盘扫描编码介绍 ... 192
  5.3.3　PS/2 串行数据传输 ... 194
  5.3.4　用 FPGA 实现 PS/2 键盘接口通信的 VHDL 设计 ... 196
  5.3.5　PS/2 设计实例 ... 198

第 6 章　EDA 实验项目推荐 ... 200
 6.1　自动售货机控制系统设计 ... 200
  6.1.1　设计要求 ... 200
  6.1.2　设计分析 ... 200
 6.2　PS/2 键盘接口控制器设计 ... 201
  6.2.1　设计要求 ... 201
  6.2.2　设计分析 ... 201
 6.3　VGA 图像显示控制系统设计 ... 202
  6.3.1　设计要求 ... 202
  6.3.2　设计分析 ... 202
 6.4　基于 FPGA 的电梯控制系统设计 ... 204
  6.4.1　设计要求 ... 204
  6.4.2　设计分析 ... 204
 6.5　洗衣机洗涤控制系统设计 ... 205
  6.5.1　设计要求 ... 205
  6.5.2　设计分析 ... 205
 6.6　基于 FPGA 的多路数据采集系统设计 ... 207
  6.6.1　设计要求 ... 207
  6.6.2　设计分析 ... 207
 6.7　综合设计报告参考格式 ... 207
  6.7.1　报告封面格式 ... 207
  6.7.2　报告正文格式 ... 207
  6.7.3　报告附录格式 ... 208

6.7.4 报告的其他部分格式 208

附录 209
　　附录 1　Verilog HDL 中常用运算符 209
　　附录 2　VHDL 中常用运算符 210
　　附录 3　DE0 开发板引脚分配表 211
　　附录 4　DE0 开发板原理图 214

参考文献 232

第1章 EDA 硬件开发平台与开发工具

1.1 硬件开发平台简介

1.1.1 Cyclone Ⅲ FPGA 简介

Intel FPGA(Field Programmable Gate Array，现场可编程门阵列)非常适合于各类最新产品中，其主要包括高端的 Stratix 系列、中端的 Arria 系列、低成本的 Cyclone 系列和非易失性的 MAX 10 系列，每一系列 FPGA 都有对应的 SoC(Signal on a Chip)产品。不同系列 FPGA 有不同的特性，嵌入式存储器、数字信号处理(DSP)模块、高速收发器，以及高速 I/O 引脚等，覆盖了多种最终产品。每一个系列的 FPGA 芯片可能又分为好几代产品，比如 Cyclone 系列，到现在已经有 Cyclone、Cyclone Ⅱ、Cyclone Ⅲ、Cyclone Ⅳ和 Cyclone Ⅴ五代产品。这些产品的升级换代很大程度上都是由于半导体工艺的升级换代引起的。

由于本书中所用的台湾友晶科技 DE0 开发板上使用的是 Cyclone Ⅲ 系列 FPGA，因此本节主要介绍 Cyclone Ⅲ 系列 FPGA 的主要特性。在 Cyclone Ⅲ 这个系列的 FPGA 中，又分为两个不同的子系列，普通的 Cyclone Ⅲ 和具有安全特性的 Cyclone Ⅲ LS。在每个子系列里，根据片内资源的不同又分为多种型号，比如普通的 Cyclone Ⅲ 子系列，就包含了 EP3C5、EP3C10、EP3C16、EP3C25、EP3C40、EP3C55、EP3C80 和 EP3C120 等 8 种型号的芯片。每个型号的芯片又根据通用 I/O 口数量和封装区分出不同的芯片。比如，EP3C16 的芯片又有 EP3C16E144、EP3C16M164、EP3C16Q240、EP3C16F256、EP3C16U256、EP3C16F484 和 EP3C16U484 等不同的芯片。而每一种芯片又有不同的速度等级，比如说 EP3C16F484 就有 C6、C7、C8、I7 四个速度等级。

1. Cyclone Ⅲ FPGAs——针对低功耗优化

Altera Cyclone Ⅲ FPGA 针对低功耗进行了优化，帮助用户解决散热问题，降低甚至消除系统散热成本，延长手持式应用中电池的使用时间。Cyclone Ⅲ 和 Cyclone Ⅲ LS 是具有 200 K 逻辑单元(LE)而静态功耗不到 0.25 W 的首款 FPGA。

图 1.1 所示为 Cyclone Ⅲ 器件在 85℃时的静态功耗。容量最小的 Cyclone Ⅲ 器件 EP3C5 系列在 85℃时的静态功耗只有 50 mW，容量最大的 Cyclone Ⅲ 器件 EP3CLS200 系列在 85℃时的静态功耗只有 238 mW。

2. 芯片和体系结构优化

Cyclone Ⅲ FPGA 采用台湾半导体制造公司(TSMC)的 65 nm 低功耗(LP)工艺技术生产，其他的主要半导体生产商也在小型器件中采用了该技术。先进的工艺以及体系结构优化技术降低了工艺尺寸，减小了动态和静态功耗，与 90 nm Cyclone Ⅱ 器件相比，Cyclone

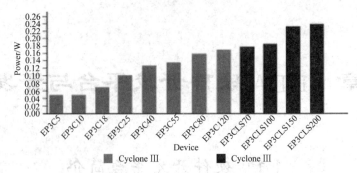

图 1.1 Cyclone Ⅲ FPGA 的典型静态功耗

Ⅲ 器件的总功耗降低了 60%。Altera 在 Cyclone Ⅲ 器件上采用的工艺和体系结构改进技术包括使用低 K 绝缘、可变沟道长度和氧化层厚度,以及多晶体管阈值电压等。

3. Quartus Ⅱ 功耗优化

Altera 在设计流程中的功耗优化处于领先地位。Quartus Ⅱ PowerPlay 优化工具自动利用 Cyclone Ⅲ 的体系结构来进一步降低功耗,与 Cyclone Ⅱ 器件相比,功耗降低了 25%。另外,Cyclone Ⅲ FPGA 结合了芯片和体系结构优化技术,与 90 nm Cyclone Ⅱ FPGA 相比,最终降低了 50% 的功耗。

4. 片内资源

表 1.1 中给出了 Cyclone Ⅲ 系列每个型号芯片的片内资源,其中最大用户 I/O(Maximum User I/Os)给出了该型号最多拥有的用户 I/O 的数量。但需要注意的是,不同的封装拥有的用户 I/O 的数量并不相同。

表 1.1 Cyclone Ⅲ FPGA 特性

		Cyclone Ⅲ FPGA 最大资源数(1.2 V)							
		EP3C5	EP3C10	EP3C16	EP3C25	EP3C40	EP3C55	EP3C80	EP3C120
密度和速度	逻辑 LEs(K)	5	10	15	25	40	56	81	119
	M9K 存储器块	46	46	56	66	126	260	305	432
	嵌入式存储器(Kb)	414	414	504	594	1134	2340	2745	3888
	18×18 乘法器	23	23	56	66	126	156	244	288
结构特性	全局时钟网络	10	10	20	20	20	20	20	20
	锁相环(PLLs)	2	2	4	4	4	4	4	4
	配置文件大小(Mb)	2.8	2.8	3.9	5.5	9.1	14.2	19	27.2
	设计安全								
I/O 特性	I/O 电压支持/V	1.2、1.5、1.8、2.5、3.3							
	I/O 标准支持	LVDS、LVPECL,差分 SSTL-18,差分 SSTL-2,差分 HSTL,SSTL-18(Ⅰ 和 Ⅱ)、SSTL-2(Ⅰ 和 Ⅱ)、1.5-V HSTL(Ⅰ 和 Ⅱ)、1.8-V HSTL(Ⅰ 和 Ⅱ)、PCI、PCI-X 1.0、LVTTL、LVCMOS							
	模拟差分参通道,840 Mb/s	66	66	136	79	223	159	177	229
	OCT	串行和差分							
外部存储器接口	存储器件支持	QDR Ⅱ、DDR2、DDR、SDR							

第 1 章　EDA 硬件开发平台与开发工具

5. 封装信息

表 1.2 给出了 Cyclone Ⅲ FPGA 各型号芯片的封装信息，以及该封装下芯片所具有的可用 I/O 数量和差分信号通道数量。

表 1.2　Cyclone Ⅲ FPGA 封装及 I/O 矩阵

	Cyclone Ⅲ FPGA(1.2 V)								
	EQFP(E)	MBGS(M)[1]	PQFP(Q)[2]	FBGA(F)				UBGA(U)	
	144 pin 22×22(mm) 0.5 mm间距	164 pin 8×8(mm) 0.5 mm间距	240 pin 34.6×34.6(mm) 0.5 mm间距	256 pin 17×17(mm) 1.0 mm间距	324 pin 19×19(mm) 1.0 mm间距	484 pin 23×23(mm) 1.0 mm间距	780 pin 29×29(mm) 1.0 mm间距	256 pin 14×14(mm) 0.8 mm间距	484 pin 19×19(mm) 0.8 mm间距
EP3C5	94	106		182				182	
EP3C10	94	106		182				182	
EP3C16	84	92	160	168		346		168	346
EP3C25	82		148	156	215			156	
EP3C40			128		195	331	535		331
EP3C55						327	477		327
EP3C80						295	429		295
EP4C120						283	531		
EP3CLS70						294	429		294
EP3CLS100						294	429		294
EP3CLS150						226	429		
EP3CLS200						226	429		

注：上标 1 表示 MBGA(Micro FineLine BGA)封装，上标 2 表示 PQFP(Plastic Quad Flat Pack)封装。

1.1.2　台湾友晶科技 DE0 FPGA 开发板

台湾友晶科技的 DE0 FPGA 开发板是一套轻薄型的开发板，参考设计和相关配件一应俱全，简单易上手，非常适合初学者用来学习 FPGA 逻辑设计与计算机架构。DE0 FPGA 开发板搭载了 Altera Cyclone Ⅲ 系列的 EP3C16 FPGA，可提供 15 408 个逻辑单元(LE)以及 346 个用户 I/O。此外，DE0 开发板还搭配了丰富的外部资源，非常适合于 EDA 实验类教学课程，并足够开发较复杂的数字系统。

1. DE0 开发板布局和组件

图 1.2 是 DE0 开发板的布局及主要连接器件和相关组件标注。

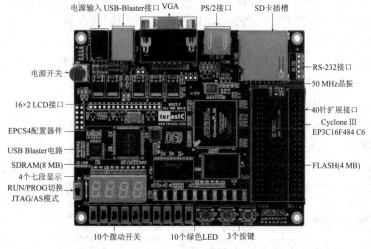

图 1.2　DE0 开发板布局图

DE0 开发板上的硬件部分主要包括：

(1) Altera Cyclone Ⅲ EP3C16F484C6 FPGA 芯片。该芯片包含 15 408 个逻辑单元、56 个 M9K 内存模块、504K 内嵌 RAM、56 个内嵌乘法器、4 个锁相环、346 个用户可用 I/O 引脚。

(2) Altera 系列 FPGA 配置芯片 EPCS4。

(3) 板上 USB Blaster 配置电路，支持 JTAG 模式和 AS 模式。该配置电路采用 Altera EPM240 CPLD 实现，可用于 FPGA 器件的编程及用户 API(Application Programming Interface) 控制。

(4) 8 M 字节 SDRAM 芯片。单只 8 MB SDR SDRAM 芯片支持 16 位数据总线。

(5) 4 M 字节 FLASH 芯片。该芯片支持字节(8 位)/字(16 位)模式。

(6) SD 卡插槽，支持 SPI 模式和 1 位 SD 模式。

(7) 3 个按键，按下时为低电平。

(8) 10 个拨动开关。

(9) 10 个绿色 LED。

(10) 50 MHz 晶振时钟源。

(11) VGA DAC(4 位电阻网络)带有 VGA 输出接口。该输出接口为 15 针高密度 D 型接头，最高支持 1280 × 1024 分辨率，每秒 60 帧。

(12) RS-232 接收器(不含 DB9 接头)。

(13) PS/2 键盘/鼠标接口。

(14) 两个 40 针扩展接口，包括 72 个 I/O 和 8 个电源与地信号。

为了给用户提供更多的便利，DE0 开发板上的所有接口及硬件均通过 Cyclone Ⅲ FPGA 完成，因此用户可以通过配置 FPGA 来完成任何系统设计。

2．DE0 开发板上电

DE0 开发板预装了默认配置，可进行演示及检测开发板是否正常运行。DE0 开发板的上电步骤为：

(1) 通过 USB 数据线把 DE0 开发板的 USB Blaster 接口与计算机的 USB 接口连接起来。为了实现计算机与开发板通信，需要在计算机上安装 Altera USB Blaster 驱动。

(2) 通过开发板自带的 7.5 V 变压器把电源连接到 DE0 开发板。

(3) 通过 VGA 电缆把 VGA 显示器与 DE0 开发板上的 VGA 接口相连接。

(4) 把 DE0 开发板左边的 RUN/PROG 开关拨至 RUN 位置；PROG 位置只是用来在 AS 模式下对 EPCS4 芯片进行编程。

(5) 按下 DE0 开发板上的电源 ON/OFF 开关。

DE0 开发板上电后，如果运行正常，则可以看到：

(1) DE0 开发板上所有 LED 灯左右循环闪烁。

(2) DE0 开发板上所有七段数码管从 0 到 F 循环显示。

(3) VGA 显示器上会显示 Altera 的 logo 及 DE0 Board 字样的图片。

1.1.3 台湾友晶科技 DE0 开发板的应用

本节介绍 DE0 开发板相关资源的应用。

1. 配置 Cyclone Ⅲ FPGA 芯片

DE0 开发板上包含了 Cyclone Ⅲ FPGA 的配置数据芯片 EPCS4，当开发板上电时，配置数据会自动由 EPCS4 芯片加载到 FPGA 芯片中。通过 Quartus Ⅱ软件，用户还可以随时通过 JTAG 模式重新配置 FPGA 芯片，也可以通过 AS 模式改变存储在 EPCS4 芯片中的数据。

(1) JTAG 模式：配置数据被直接加载到 FPGA 芯片中，但 FPGA 掉电后数据会丢失。

(2) AS 模式：该模式是串行主动编程模式，FPGA 的配置数据被加载到 EPCS 配置芯片中，因此掉电后不会丢失。当板子上电后，EPCS 中的配置数据会自动加载到 FPGA 中。

在 DE0 开发板上，JTAG 模式和 AS 模式通过 RUN/PROG 拨动开关进行切换。

图 1.3 所示为 DE0 开发板上 JTAG 配置模式的原理框图。当 DE0 开发板上电后，将 RUN/PROG 拨动开关置于 RUN 挡，Quartus Ⅱ软件编程器(选择 JTAG 模式)就可以通过 USB Blaster 电路将扩展名为 .sof 的配置数据比特流文件编程至 FPGA 芯片。

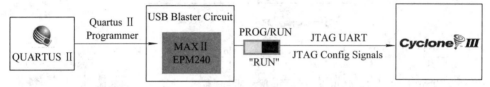

图 1.3　DE0 开发板 JTAG 配置模式的原理框图

图 1.4 所示为 DE0 开发板上 AS 配置模式的原理框图。当 DE0 开发板上电后，将 RUN/PROG 拨动开关置于 PROG 挡，Quartus Ⅱ软件编程器(选择 AS 模式)就可以通过 USB Blaster 电路将扩展名为 .pof 的配置数据比特流文件编程至 EPCS 芯片。当 EPCS 编程完成后，再将 RUN/PROG 开关拨到 RUN 挡并重启 DE0 开发板，EPCS 中的配置数据即可自动加载到 FPGA 中运行。

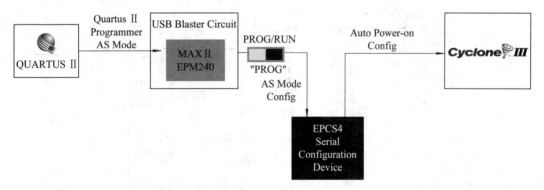

图 1.4　DE0 开发板 AS 配置模式的原理框图

2. LED 灯和开关的应用

DE0 开发板上的 10 个 LED 灯(LEDG9～0)、3 个按键(BUTTON2～0)及 10 个拨动开关(SW9～0)均直接连接到了 Cyclone Ⅲ FPGA 芯片上的特定引脚(在使用过程中相关引脚连接信息请参考附录或 DE0 用户手册)。

图 1.5 所示为 3 个按键与 Cyclone Ⅲ FPGA 的连接原理电路。当按键没有被按下时输出高电平(3.3 V)，被按下时则输出低电平(0 V)。

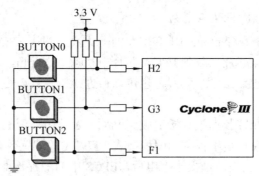

图 1.5　DE0 开发板上 3 个按键与 FPGA 的连接原理电路

图 1.6 所示为 10 个拨动开关与 Cyclone Ⅲ FPGA 的连接原理电路。当拨动开关置于 DOWN 位置(接近 DE0 板子边缘)时会提供一个低电平(0 V)输入至 FPGA，当置于 UP 位置时会提供一个高电平(3.3 V)的输入。

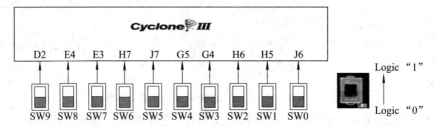

图 1.6　DE0 开发板上 10 个拨动开关与 FPGA 的连接原理电路

图 1.7 所示为 10 个 LED 灯与 Cyclone Ⅲ FPGA 的连接原理电路，每个 LED 灯均由 FPGA 的特定引脚直接驱动。相对应的 FPGA 引脚为逻辑高电平时可点亮 LED 灯，置于逻辑低电平时则可以熄灭 LED 灯。

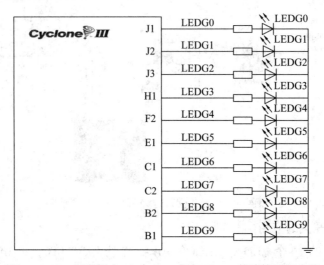

图 1.7　DE0 开发板上 10 个 LED 灯与 FPGA 的连接原理电路

3. 七段数码管的应用

DE0 开发板上提供了 4 个七段数码管(共阳极)，分为 2 组，每组 2 个，用于显示各种字符和数字。每个七段数码管包括 7 个控制引脚，分别对应数码管的 7 个字段(包括小数点，用 DP 表示)，被从 0 到 6 依次编号，如图 1.8 所示。4 个七段数码管的所有引脚(共 28 个)分别直接连接至 Cyclone III FPGA 芯片的相应引脚上，当对应引脚输出低电平时，对应的字码段点亮；输出高电平时则熄灭。七段数码管与 FPGA 的连接原理电路如图 1.9 所示，图中仅给出数码管 0(HEX0)的连接，其他数码管的连接方式与此类似。

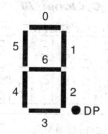

图 1.8 七段数码管位置与编号

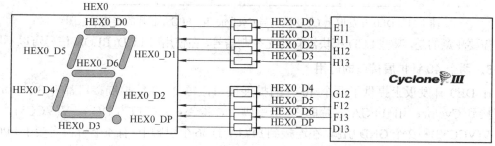

图 1.9 DE0 开发板上 4 个七段数码管与 FPGA 的连接原理电路

4. 50 MHz 时钟应用

DE0 开发板提供了一个 50 MHz 的时钟信号，该时钟信号可以用来驱动 FPGA 内部的用户逻辑电路。DE0 开发板上的所有时钟输入都连接到 Cyclone III FPGA 芯片的锁相环(PLL)时钟输入引脚上，因此用户可以将这些时钟信号作为 PLL 电路的信号输入源使用。图 1.10 所示为 DE0 开发板上的时钟与 Cyclone III FPGA 的连接原理电路。

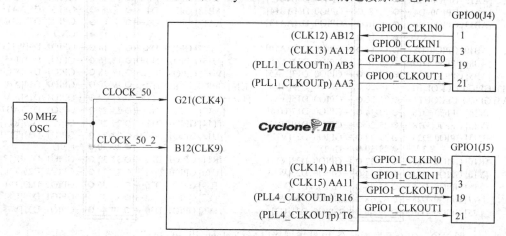

图 1.10 DE0 开发板上时钟分配与 FPGA 的连接原理电路

5. LCD 模块应用

DE0 开发板上提供了一个 16×2 的 LCD 接口，用户可以自行准备一个 LCD 模块连接至该接口使用。LCD 模块内置用于显示文本的字体,发送命令给 HD44780 显示控制器即可在 LCD 模块上显示合适的文本。图 1.11 所示为 LCD 模块连接至 Cyclone Ⅲ FPGA 芯片的连接原理示意图。

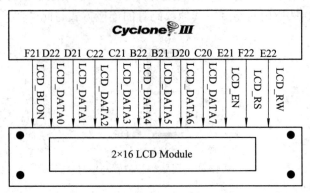

图 1.11　DE0 开发板上 LCD 模块与 Cyclone Ⅲ FPGA 芯片的连接示意图

需要注意的是,某些 LCD 模块没有背光控制信号,在使用时 LCD_BLON 信号可以不用。

6. 两个 40 针扩展接口的应用

在 DE0 开发板上提供了两个 40 针的扩展接口,每个 40 针扩展接口都有 36 个针分别连接到 Cyclone Ⅲ FPGA 芯片的 36 个引脚上,其余 4 针接口为 DC +5 V(VCC5)、DC +3.3 V(VCC33)和 2 个 GND 引脚。在连接到 FPGA 的 36 个引脚中,有 4 个引脚连接了 FPGA 芯片的 PLL 时钟输入与输出引脚,这是为了方便扩展子板通过该接口访问 FPGA 芯片的 PLL 模块。图 1.12 所示为 DE0 开发板上两个 40 针扩展接口信号定义及连接 FPGA 的对应引脚名称。

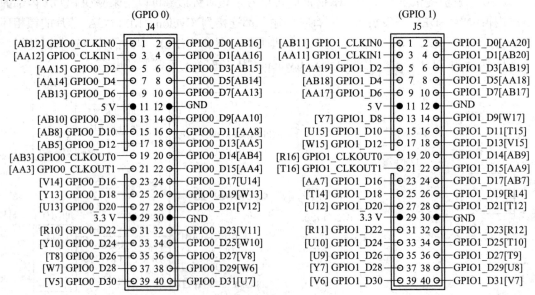

图 1.12　DE0 开发板两个 40 针扩展接口与 Cyclone Ⅲ FPGA 芯片的连接示意图

7. VGA 接口应用

DE0 开发板上提供一个 VGA 输出的 16 引脚的 D-SUB 接口,其中 VGA 同步信号直接由 Cyclone III FPGA 芯片提供，并且通过电阻网络提供一个 4 位的 DAC 电路来产生模拟数字信号(红 R、绿 G 和蓝 B)，该电路支持标准的 VGA 分辨率(640×480 像素，25 MHz 带宽)。图 1.13 所示为 VGA 相关电路原理图。

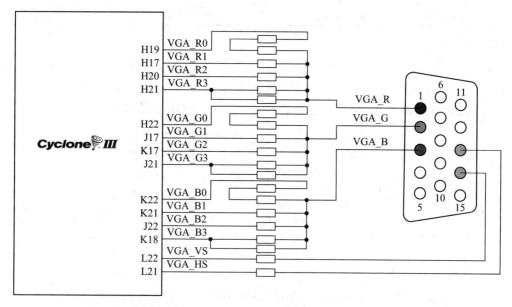

图 1.13　DE0 开发板上 VGA 电路与 Cyclone III FPGA 连接示意图

有关 VGA 同步及 RGB 数据的时序规范，读者可以在网站上搜索找到(如搜索"VGA 信号时序")。图 1.14 所示为在 VGA 显示器上显示所需满足的单行(Horizontal，水平方向)基本时序要求。图中显示器水平同步(HSYNC)输入信号所给出的指定宽度低电平有效脉冲(Sync a)表示前一行扫描的结束和新一行扫描的开始。RGB 信号在图中所标出的行扫描后沿(Back porch，b)和行扫描前沿(Front porch，d)期间是无效的。RGB 信号只有在图中显示间隔 c 期间有效，RGB 数据将在显示器上逐点显示出来。VGA 的场同步(Vertical synchronization，VSYNC)的时序与图 1.14 类似，不同的是，场同步脉冲指示的是某一帧的结束和下一帧的开始，帧中的长度单位不再是像素，而是行数。表 1.3 和表 1.4 给出了不同分辨率情况下行和场时序中各区间的持续长度，其中的 a、b、c 和 d 参考图 1.14。

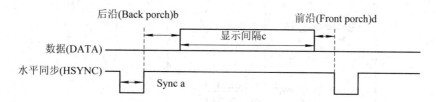

图 1.14　VGA 行扫描时序示意图

表 1.3　VGA 行扫描时序规范

VGA 模式		行扫描时序规范				
配置	分辨率(H×V)	a/μs	b/μs	c/μs	d/μs	像素时钟/MHz
VGA(60 Hz)	640×480	3.8	1.9	25.4	0.6	25(640/c)

表 1.4　VGA 场扫描时序规范

VGA 模式		场扫描时序规范			
配置	分辨率(H×V)	a 段	b 段	c 段	d 段
VGA(60 Hz)	640×480	2	33	480	10

8．RS-232 串行接口

DE0 开发板上通过 ADM3202 收发器芯片提供了 RS-232 通信接口。开发板上仅提供了相关信号测试点，如果使用该接口，用户需要连接相关信号到 9 针的 D-SUB 接口或 RS-232 电缆上。图 1.15 所示为 ADM3202 芯片和 Cyclone Ⅲ FPGA 的连接原理图。

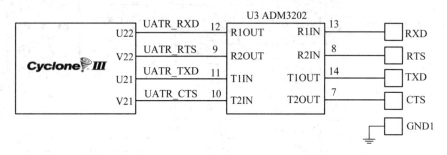

图 1.15　ADM3202(RS-232)芯片和 Cyclone Ⅲ FPGA 连接原理图

9．PS/2 串行接口

DE0 开发板提供了一个标准的 PS/2 协议端口和一个 PS/2 键盘或鼠标接口，用户可以在该接口上通过一根扩展的 PS/2 Y 型电缆同时使用 PS/2 键盘和鼠标。但需要注意的是，只有当 PS/2 Y 型电缆连接到 PS/2 接口时，才能使用 PS_MSDAT 和 PS_MSCLK 信号。图 1.16 为 PS/2 电路与 FPGA 芯片的连接示意图。关于 PS/2 鼠标或键盘的相关规范资料，读者可自行在网站上查找。

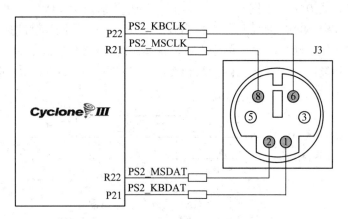

图 1.16　PS/2 电路与 FPGA 芯片的连接示意图

10．SD 卡插槽

DE0 开发板提供了一个 SD 卡插槽，也可以用于 SPI 和 1 位 SD 模式的外部存储器访问。图 1.17 为 SD 卡插槽与 Cyclone Ⅲ FPGA 芯片的连接示意图。

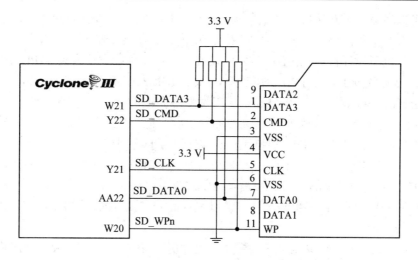

图 1.17 SD 卡插槽与 FPGA 芯片的连接示意图

11. SDRAM 和 FLASH 应用

DE0 开发板提供了一个 4 MB 的 FLASH 存储器和一个 8 MB 的 SDRAM 芯片。图 1.18(a) 和图 1.18(b)所示分别为 FLASH 存储器、SDRAM 芯片与 Cyclone Ⅲ FPGA 芯片的连接示意图。

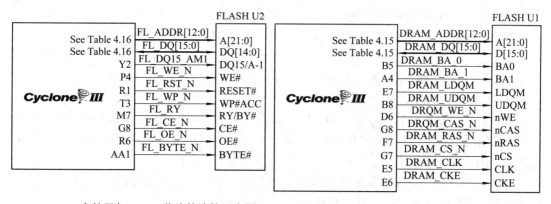

(a) FLASH 存储器与 FPGA 芯片的连接示意图　　(b) SDRAM 与 FPGA 芯片的连接示意图

图 1.18　FLASH 存储器、SDRAM 芯片与 Cyclone Ⅲ FPGA 芯片的连接示意图

关于 DE0 开发板的更多资料,读者可以在台湾友晶科技的网站(http://www.terasic.com.cn)自行下载,下面的网址可直接进入 DE0 开发板页面:

http://www.terasic.com.cn/cgi-bin/page/archive.pl?Language=China&CategoryNo=55&No=386

在"设计资源"页面可以免费下载 DE0 开发板用户手册及相关设计实例资料。

1.2　硬件描述语言

硬件描述语言(Hardware Description Language,HDL)是一种用于对数字电路和系统进行性能描述和模拟的语言。基于硬件描述语言的数字系统设计是一个从抽象到实际的过程。

设计人员可以在数字电路系统中从上层到下层逐层描述自己的设计思想。硬件描述语言的发展至今已有几十年的历史，并成功地应用于电子设计的各个阶段：建模、仿真、验证和综合等。随着电子设计自动化(EDA)技术的发展，使用硬件描述语言设计 PLD/FPGA 已成为一种趋势。20世纪80年代后期，VHDL 和 Verilog HDL 先后成为 IEEE (Institute of Electrical and Electronics Engineers，美国电气和电子工程师协会)标准。

HDL 在语法和风格上类似于现代高级编程语言，但 HDL 毕竟描述的是硬件，因此包含许多硬件所特有的结构。HDL 和纯计算机软件语言的不同还有：

(1) 运行所需的基础平台不同。计算机语言是在 CPU＋RAM 构建的平台上运行的，而 HDL 设计的结果是由具体的逻辑和触发器组成的数字电路。

(2) 执行方式不同。计算机语言基本是以串行的方式执行的，而 HDL 在总体上是以并行方式工作的。

(3) 验证方式不同。计算机语言主要关注变量值的变化，而 HDL 要实现严格的时序逻辑关系。

1.2.1 VHDL 简介

VHDL(VHSIC Hardware Description Language)是一种用来设计硬件系统与电路的高级语言。其中 VHSIC 是指美国国防部20世纪70年代末至80年代初提出的著名的 VHSIC(Very High Speed Integrated Circuit)计划，该计划的目标是为下一代集成电路的生产，实现阶段性的工艺极限以及完成十万门级以上的设计建立一种新的描述方法。1981年末，美国国防部提出了"超高速集成电路硬件描述语言"，简称 VHDL。VHDL 的结构和设计方法受到了ADA 语言的影响，并吸收了其他硬件描述语言的优点。1987年12月，VHDL 被确定为 IEEE 标准，其版本号为 IEEE Std 1076-1987。此后，VHDL 就一直作为硬件描述语言的标准之一，并经历了发展和逐渐成熟的阶段。1995年，国家技术监督局根据 IEEE 1076-1993 推荐 VHDL 为我国 EDA 硬件描述语言的国家标准。随后，VHDL 在我国迅速普及，并已成为从事硬件电路设计的开发人员所必须掌握的一项技术。

VHDL 描述逻辑电路的基本结构如图 1.19 所示，其包括逻辑抽象(实体 Entity 声明)、功能实现(结构体 Architecture)两大模块。

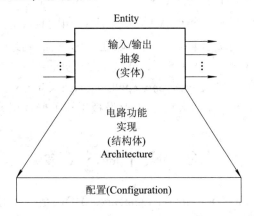

图 1.19　VHDL 描述逻辑电路的基本结构

1. 库和程序包

1) VHDL 的"库"

VHDL 的"库"是专门用于存放预先编译好的程序包的地方，对应于一个文件目录，程序包的文件存放在该目录中，其功能相当于共享资源的仓库，所有已完成的设计资源只有存入某个"库"内才可以被其他设计实体共享。库声明的方式类似于 C 语言，需要放在设计实体(Entity)的前面，表示该库资源对整个设计是开放的。

库语句声明格式为

  LIBRARY 库名；

  USE 库名.所要调用的程序包名.ALL；

常用的 VHDL 库有 IEEE 库、STD 库和 WORK 库。

IEEE 库是 VHDL 设计中最常用的资源库，包含 IEEE 标准的 STD_LOGIC_1164、NUMERIC_BIT、NUMERIC_STD 以及其他一些支持工业标准的程序包。其中最重要并且也是最常用到的是 STD_LOGIC_1164 程序包，大部分程序都是以该程序包中设定的标准为设计基础的。

STD 库是 VHDL 的标准库，属于 VHDL 的默认库，VHDL 在编译过程中会自动调用这个库，所以使用时不需要另外声明。

WORK 库是用户在进行 VHDL 设计时使用的当前工作库，用户的设计文件将自动保存在这个库中，属于用户自己的仓库。类似 STD 库，工作库使用时也不需要另外声明，属于 VHDL 的默认库。

2) 程序包

程序包是 VHDL 编写的一段程序，可以供其他设计单元调用和共享，相当于"工具箱"，各种数据类型、子程序等一旦放入了程序包，就可成为共享的"工具"。程序包的作用类似于 C 语言的头文件，合理应用之可以减少代码量，并且使得程序结构清晰。在一个具体的 VHDL 设计中，实体部分所定义的数据类型、常量和子程序可以在相应的结构体中使用，但在一个实体的声明部分和结构体部分中定义的数据类型、常量及子程序却不能被其他单元使用。因此，程序包的作用是可以使一组数据类型、常量和子程序能够被多个设计单元使用。

程序包分为包头和包体两部分。包头(也称为程序包说明部分)对程序包中使用的数据类型、元件、函数和子程序进行定义，其形式与实体定义类似。包体规定了程序包的实际功能，用于存放函数和过程的程序体，包体内还允许定义内部的子程序、内部变量和数据类型。程序包的包头和包体均以关键字 PACKAGE 开头。

程序包的包头的格式为

  PACKAGE 程序包名称 IS

    [程序包的包头说明语句]

  END 程序包名称；

程序包的包体的格式为

  PACKAGE BODY 程序包名称 IS

    [程序包的包体说明语句]

  END 程序包名称；

调用程序包的格式为

    USE 库名.程序包名称.ALL；

VHDL 中常用的预定义程序包及库名如表 1.5 所示。

表 1.5   VHDL 中常用的预定义程序包及库名

库名	程序包名称	包中预定义内容
IEEE	STD_LOGIC_1164	STD_LOGIC、STD_LOGIC_VECTOR、STD_ULOGIC、STD_ULOGIC_VECTOR 等数据类型、子类型和函数
IEEE	STD_LOGIC_ARITH	在 STD_LOGIC_1164 基础上扩展了 UNSIGNED、SIGNED 和 SMALL_INT 三个数据类型，并定义了相关的算术运算符和转换函数
IEEE	STD_LOGIC_SIGNED	主要定义有符号数的运算，重载后可用于 INTEGER、STD_LOGIC 和 STD_LOGIC_VECTOR 之间的混合运算，并定义了 STD_LOGIC_VECTOR 到 INTEGER 的转换函数
IEEE	STD_LOGIC_UNSIGNED	主要定义无符号数的运算，相应功能与 STD_LOGIC_SIGNED 相似

2．实体(ENTITY)部分

以关键字 ENTITY 引导，以 END(ENTITY)×××结尾的语句部分，称为实体(其中×××表示实体名)。实体在电路中主要定义所描述电路的端口信号，如输入、输出信号等，更具体地说就是用来定义实体与外部的连接关系以及需传送给实体的参数。

VHDL 中实体的格式为

    ENTITY   实体名   IS

        [GENERIC(类属表)；]

        PORT(端口表)；

    END [ENTITY] 实体名；

其中，以 GENERIC 开头的语句是类属说明，用于为设计实体和其他外部环境通信的静态信息提供通道，可以定义端口大小、实体中元件的数目以及实体的定时特性等；类属说明部分是可选的。GENERIC 的主要作用是增强 VHDL 程序的通用性，避免程序的重复书写。例如：

    GENERIC (constant tplh, tphl : TIME := 5 ns;

        default_value : INTEGER := 1;

        cnt_dir : STRING := "up"

    );

以 PORT 开头的语句是端口声明，它描述电路的输入、输出等端口信号及其模式和数据类型，其功能相当于电路符号中的一个引脚。PORT 的格式如下：

    PORT (

        端口名：端口模式   数据类型；

        {端口名：端口模式   数据类型}

    );

其中，端口模式中定义的端口方向包括以下四种：

(1) IN：输入，定义的通道为单向只读模式。该信号只能被赋值引用，不能被赋值。

(2) OUT：输出，定义的通道为单向输出模式。该信号只能被赋值，不能被引用，用于不能反馈的输出。

(3) INOUT：双向，定义的通道为输入输出双向端口。该信号既可读又可被赋值，读出的值是端口输入值而不是被赋值。

(4) BUFFER：缓冲，类似于输出，但可以读，读的值是被赋值，作内部反馈用，不能作为双向端口使用。注意其与 INOUT 的区别。

VHDL 是一种强类型语言，每个数据对象(信号、变量或常量)只能有一种数据类型，施加于该对象的操作必须与该对象的数据类型相匹配。

VHDL 中常用的数据类型有逻辑位类型(BIT、STD_LOGIC)、逻辑位矢量类型(BIT_VECTOR、STD_LOGIC_VECTOR)、整数类型(INTEGER)和布尔类型(BOOLEAN)。

为了使 EDA 软件能够正确识别这些数据类型，相应的类型库必须在 VHDL 描述中声明并在 USE 语句中调用(参考 VHDL 库声明及调用)。此外，VHDL 中还可以自己定义数据类型(类似于 C 语言中的枚举类型)，从而为 VHDL 的程序设计带来极大的灵活性。

3. 结构体(ARCHITECTURE)部分

以关键字 ARCHITECTURE 引导，END(ARCHITECTURE)×××结尾的语句部分，称为结构体(其中×××表示结构体名)。结构体具体描述了设计实体的电路行为。

VHDL 中结构体的格式为

  ARCHITECTURE　结构体名　OF　实体名　IS

    [定义语句]　内部信号，常数，数据类型，函数等定义；

  BEGIN

    [功能描述语句]；

  END [ARCHITECTURE]　结构体名；

其中，结构体名是对本结构体的命名，它是该结构体的唯一名称，可以按照操作系统的基本命名方式命名。OF 后面的实体名表明了该结构体对应的实体，应与实体部分的实体名保持一致。

定义语句位于关键字 ARCHITECTURE 和 BEGIN 之间，用于对结构体内部使用的信号、常数、数据类型、函数等进行定义，在结构体中的信号定义不用注明信号方向。

并行处理语句位于结构体描述部分的 BEGIN 和 END[ARCHITECTURE]之间，是 VHDL 设计的核心，它描述了电路的行为及连接关系。结构体中主要是并行处理语句，包括赋值语句和进程(PROCESS)结构语句，而赋值语句可以看作隐含进程结构语句。除进程结构内部的语句是有顺序的以外，各进程结构语句之间都是并行执行的。VHDL 的所有顺序语句都必须放在由 PROCESS 引导的进程结构中。

4. 配置(CONFIGURATION)部分

VHDL 中的一个设计实体必须包含至少一个结构体。当一个实体名对应多个结构体时，配置被用来选取某个结构体与当前的实体对应，以此进行电路功能描述的版本控制。

配置的句法格式为

CONFIGURATION 配置名 OF 实体名 IS
  FOR 为实体选配的结构体名
  END FOR；
END 配置名；

需要注意的是，VHDL 程序中的字符是不区分大小写的。但是在实际编程中为了增加程序的可读性，通常用大写形式表示保留字，其他部分用小写形式表示。

5．一个完整的 VHDL 设计实例

下面给出一个较完整的 VHDL 描述的数字电路逻辑设计实例，其中包括库的声明与使用(LIBRARY 和 USE)部分、实体(ENTITY)部分、结构体(ARCHITECTURE)部分及配置(CONFIGURATION)部分。

实例 1.1 模值为 256 和 65536 的计数器的 VHDL 描述。

```
LIBRARY IEEE;                              --库声明部分
USE IEEE.STD_LOGIC_1164.ALL;               --使用程序包
USE IEEE.STD_LOGIC_ARITH.ALL;              --使用程序包
USE IEEE.STD_LOGIC_UNSIGNED.ALL;           --使用程序包
--------------------------------------------------------------------
----实体部分，实体名为 counter
--------------------------------------------------------------------
ENTITY counter IS              --实体部分，实体名为 counter
    PORT ( load, clear, clk :    IN STD_LOGIC;       --输入端口，位逻辑类型
           data_in :             IN INTEGER;         --输入端口，整数类型
           data_out :            OUT INTEGER);       --输出端口，整数类型
END ENTITY counter;
--------------------------------------------------------------------
----结构体 1，结构体名为 count_module256，计数范围：0～255
--------------------------------------------------------------------
ARCHITECTURE count_module256 OF counter IS
BEGIN                          --结构体 1 部分，结构体名为 count_module256
    PROCESS(clk, clear, load)
        VARIABLE count:INTEGER := 0;
    BEGIN
        IF (clear = '1') THEN   count := 0;
        ELSIF (load = '1') THEN   count := data_in;
        ELSIF ((clk'EVENT) AND (clk = '1')) THEN
            IF (count = 255) THEN   count := 0;
            ELSE   count := count + 1;
            END IF;
        END IF;
```

```
            data_out <= count;
        END PROCESS;
        END ARCHITECTURE count_module256;   --结构体 1 部分结束
------------------------------------------------------------------------
----结构体 2, 结构体名为 count_module64K, 计数范围: 0~65535
------------------------------------------------------------------------
ARCHITECTURE count_module64K OF counter IS
BEGIN                           --结构体 2 部分, 结构体名为 count_module64K
    PROCESS(clk)
        VARIABLE count:INTEGER := 0;
    BEGIN
        IF (clear = '1') THEN    count := 0;
        ELSIF (load = '1') THEN    count := data_in;
        ELSIF ((clk'EVENT) AND (clk = '1')) THEN
            IF (count = 65535) THEN    count := 0;
            ELSE    count := count + 1;
            END IF;
        END IF;
        data_out <= count;
    END PROCESS;
END ARCHITECTURE count_module64K;   --结构体 2 部分结束
------------------------------------------------------------------------
----配置 1, small_module_count, 实体 counter 对应结构体 count_module256
------------------------------------------------------------------------
CONFIGURATION small_module_count OF counter IS
    FOR count_module256
    END FOR;
END small_module_count;
------------------------------------------------------------------------
----配置 2, big_module_count, 实体 counter 对应结构体 count_module64K
------------------------------------------------------------------------
CONFIGURATION big_module_count OF counter IS
    FOR count_module64K
    END FOR;
END big_module_count;
```

实例 1.1 中通过 CONFIGURATION 指定实体(ENTITY)与某个结构体(ARCHITECTURE)的对应关系,在用 EDA 软件对实例 1.1 进行仿真时,可以选择其中的某个"配置名称"(此处为 small_module_count 或 big_module_count)进行功能仿真。

1.2.2 Verilog HDL 关键语法

Verilog HDL 最初是于 1983 年由 Gateway Design Automation 公司为其模拟器产品开发的硬件建模语言。开始它只是一种专用语言，由于该公司的模拟、仿真器产品被广泛使用，Verilog HDL 作为一种便于使用且实用的语言逐渐为众多设计者所接受。Verilog HDL 于 1990 年被推向公众领域。1992 年，促进 Verilog 发展的国际性组织 OVI(Open Verilog International)决定致力于推动 Verilog OVI 标准成为 IEEE 标准。这一努力最后获得成功，Verilog 语言于 1995 年成为 IEEE 标准，称为 IEEE Std 1364—1995。

1. Verilog 的模块(module)

模块(module)是 Verilog 的基本描述单位，用于描述某个设计的功能或结构及与其他模块通信的外部端口。一个设计可以由多个模块组成，一个模块只是数字系统中的某个部分，一个模块可在另一个模块中被调用。Verilog 模块的内容包括输入/输出端口声明、输入/输出端口说明、内部信号声明和功能定义等部分，其中功能定义部分是 Verilog 模块中最重要的，包括 assign 功能描述、always 块描述以及模块实例调用等。

Verilog 中模块的格式为

  module 模块名(端口 1, 端口 2, …);
    [输入/输出端口说明部分]
    [内部信号声明]
    [assign 功能描述语句]
    [initial 块描述]
    [always 块描述]
    [模块实例调用]
    …
  endmodule

在上面的模块格式中需要注意的是，module 声明以分号";"结尾，但 endmodule 不需要分号结尾。除了 endmodule 外，每个语句和数据定义的最后必须以分号结尾。

(1) 输入/输出端口声明。

Verilog 模块的端口声明了模块的输入/输出端口名称，其格式为

  module 模块名(端口 1, 端口 2, …);

(2) 输入/输出端口说明。

Verilog 模块中输入/输出端口说明部分的格式为

输入端口：

  input 端口名 1, 端口名 2, …, 端口名 m;   //共有 m 个输入端口

输出端口：

  output 端口名 1, 端口名 2, …, 端口名 n;   //共有 n 个输出端口

输入/输出端口说明也可以直接写在端口声明里，其格式为

  module 模块名(input 端口 1, input 端口 2, …, output 端口 1, output 端口 2, …);

(3) 内部信号声明。

在模块内用到的信号以及与端口有关的 wire 类型(简称 W 变量)和 reg 类型(简称 R 变量)信号的声明，其格式为

  reg [width-1:0] R 变量 1, R 变量 2, …;

  wire [width-1:0] W 变量 1, W 变量 2, …;

(4) assign 功能描述。

assign 功能描述方法的句法很简单，只需在描述语句前加一个"assign"。如下面的 Verilog 语句描述了一个有两个输入的"与门"逻辑功能：

  assign a = b & c;

(5) always 块描述。

在 Verilog 中采用"always"语句是描述数字逻辑最常用的方法之一，需要顺序执行的语句必须放在"always"块中描述，例如"if…else if"条件判断语句。下面是用"always"块描述的一个带有异步清零端的 D 触发器程序：

```
always @ (posedge clk or posedge clr) begin    //时钟上升沿触发，异步清零
    if (clr)    q <=0;                          //清零
    else if (en)  q <= d;                       //使能有效
end                                             //always 块结束
```

(6) 模块实例调用。

在 Verilog 程序中如果需要调用已经写好的模块或库中的实例元件，只需要输入模块或元件的名称和相连的引脚即可，如下面的 Verilog 代码：

  and and_inst1 (q, a, b);

该 Verilog 代码表示在设计中用到一个两输入与门(库中的元件名称为 and)，设计中将该元件例化为实例名称 and_inst1，其输入端口为 a 和 b，输出端口为 q。在例化调用过程中要求每个实例元件的名字必须是唯一的，以避免与其他调用该与门(and)的实例名混淆。

在 Verilog 程序中，assign 语句、always 块和模块实例调用这三种功能描述是并行执行的，它们的次序不会影响逻辑实现的功能。

注意：Verilog HDL 区分大小写。

2. 一个完整的 Verilog 设计实例

下面给出一个较完整的使用 Verilog HDL 描述的数字电路逻辑设计实例，其中包括输入/输出端口声明、端口说明、内部信号声明、assign 功能描述语句以及 always 块描述部分。

实例 1.2 模值为 N 的计数器 Verilog HDL 描述。

```
//计数器位数：NBITS
//计数器模值：UPTO=N
---------------------------------------------------------------------
----module 部分，模块名为 ModuleN_counter
---------------------------------------------------------------------
module ModuleN_counter(Clock, Clear, Q, QBAR);    //输入/输出端口声明

    parameter NBITS = 2, UPTO = 3;                //参数声明
```

```
    input Clock, Clear;                    //端口说明
    output [NBITS-1:0] Q, QBAR;

    reg [NBITS-1:0] Counter;               //内部信号声明

    always @ (posedge Clock)               //always 块
      if (Clear)
        Counter <= 0;
      else
        Counter <= (Counter + 1) % UPTO;

    assign Q = Counter;                    //assign 描述语句
    assign QBAR = ~Counter;                //assign 描述语句

endmodule
```

1.2.3 HDL 的编程技术

应用 HDL 实现硬件数字系统设计，需要经过设计输入、综合、仿真、验证、器件编程等一系列过程，如图 1.20 所示，具体可以分为以下几个步骤：

(1) 系统设计：将需要设计的电路系统分解为各个功能模块，并对功能模块的性能和接口进行正确的描述。

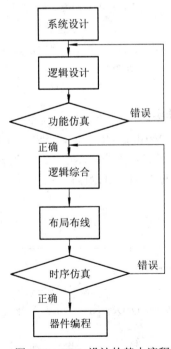

图 1.20 HDL 设计的基本流程

(2) 逻辑设计：在系统设计的基础上，用 VHDL 对各个模块的功能进行逻辑描述。

(3) 功能仿真：在 EDA 软件中，对所设计的模块输入逻辑信号，通过检测输出响应验证各模块在功能上是否正确，是否能满足设计要求。如果功能仿真的结果和预期结果不符合，应该重新修改前两步的设计。

(4) 逻辑综合：在功能仿真正确的基础上，就可以进行逻辑综合。逻辑综合是指从寄存器传输级(RTL)到门级逻辑结构的综合，它将 RTL 级的行为描述模型变换为逻辑门电路结构性网表。逻辑综合过程与所用 PLD 器件结合进行。

(5) 布局布线：布局布线即将逻辑综合的结果用 FPGA 等器件的内部逻辑单元来完成，并在内部逻辑单元之间寻求最佳的布线和连接。

(6) 时序仿真：时序仿真可以比较准确地反映最后产品的系统时延特性。如果时序分析不满足预期设计需求，就应该重新进行逻辑综合或布局布线。

1.3 Quartus Ⅱ 13.0 EDA 软件应用

与以往的 EDA 工具相比，Quartus Ⅱ 软件更适合于设计团队基于模块的层次化设计方法。基于 Quartus Ⅱ 集成开发环境的典型设计流程如图 1.21 所示。

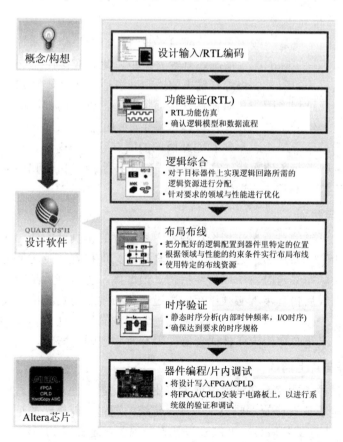

图 1.21 Quartus Ⅱ 软件的典型设计流程

1. 设计输入(设计文件)

电路设计输入是将设计者所设计的电路以某种形式表达出来,并输入到相应 EDA 软件中的过程。设计输入有多种表达方式,最常用的是原理图输入和文本输入。原理图是图形化的表达方式,使用元件符号和连线来描述设计。其特点是适合描述连接关系和接口关系,而描述逻辑功能则比较繁琐。文本输入多用硬件描述语言(HDL)来描述和设计电路。设计者可利用 HDL 来描述自己的设计,然后采用 EDA 工具进行综合和仿真,最后变为目标文件,再用 FPGA 来具体实现。此外,波形输入和状态机输入是另外两种常用的辅助设计输入方法。

2. 功能仿真验证

电路设计完成后,要用专用的仿真工具(如 ModelSim)对设计进行功能仿真,验证电路功能是否符合设计要求。功能仿真有时也被称为前仿真。通过功能仿真能及时发现设计中的错误,在系统设计前期即可修改完成,提高设计的可靠性。

3. 逻辑综合(也称为综合优化)

逻辑综合是指将 HDL、原理图等设计输入翻译成由与门、或门、非门、RAM、触发器等基本逻辑单元组成的逻辑连接(网表),并根据目标与要求(约束条件)优化所生成的逻辑连接,输出 EDA 网表文件,供 FPGA 厂家的布局布线器进行实现。

4. 逻辑实现与布局布线

逻辑综合结果的本质是一些由与门、或门、非门、RAM、触发器等基本逻辑单元组成的逻辑网表,它与芯片实际的配置情况还有较大差距。此时应该使用 FPGA 厂商提供的软件工具,根据所选芯片的型号,将综合输出的逻辑网表适配到具体的 FPGA 芯片上,这个过程就叫做逻辑实现过程。因为只有器件开发商最了解器件的内部结构,所以实现步骤必须选用器件开发商提供的工具。在实现过程中最主要的过程是布局布线。所谓布局,是指将逻辑网表中原子符号合理地适配到 FPGA 内部的固有硬件结构上。布局的好坏对设计的最终实现结果影响很大。所谓布线,是根据布局的拓扑结构,利用 FPGA 内部的各种连线资源,合理正确连接各个元件的过程。

5. 时序仿真与验证

将布局布线的延时信息反标注到设计网表中后进行的仿真就叫做时序仿真或布局布线后仿真,简称后仿真。布局布线之后生成的仿真延时文件包含的延时信息最全,不仅包含门延时,还包含实际布线延时,所以布线后仿真最准确,能较好地反映芯片的实际工作情况。一般来说,布线后仿真步骤必须进行,通过布局布线后仿真能检查设计时序与 FPGA 实际运行情况是否一致,确保设计的可靠性和稳定性。布局布线后仿真的主要目的在于发现时序违规,及不满足时序约束条件或者器件固有时序规则的情况。

6. 器件编程与片上调试

设计开发的最后步骤就是在线调试或者将生成的配置文件写入芯片中进行测试。示波器和逻辑分析仪是逻辑设计的主要调试工具。传统的逻辑功能板级验证方式是使用逻辑分析仪分析信号,设计时要求 FPGA 和 PCB 设计人员保留一定数量 FPGA 引脚作为测试引脚,编写 FPGA 代码时将需要观察的信号作为模块的输出信号,在综合实现时再把这些输出信号锁定到测试引脚上，然后连接逻辑分析仪的探头到这些测试引脚，设定触发条件，进行观测。现在很多 FPGA 厂商的 EDA 软件都可以在系统工程中加入嵌入式逻辑分析仪，如 Altera 的 EDA 软件的嵌入式逻辑分析仪为 SignalTap Ⅱ，可以通过该嵌入式逻辑分析仪实时获取 FPGA 内部实际工作的时序波形进行调试。

1.3.1 创建新工程

1．启动新建工程向导 New Project Wizard

在 Quartus Ⅱ 软件中，选择菜单项 File→New Project Wizard，启动工程创建向导，弹出 New Project Wizard 新建工程向导的 Introduction 对话框，对话框中说明该向导将引导用户完成创建工程、设置顶层单元、引用设计文件、选择器件等操作。单击 Next 按钮，出现如图 1.22 所示的工程目录及工程名设置对话框。在第一栏的工程路径中选择新建工程的目录，如"E:\design\quartus\book"；在第二栏的工程名中输入当前新建工程的名字，如"book"；在第三栏中输入顶层文件的实体名，即顶层文件名，默认与工程名相同。

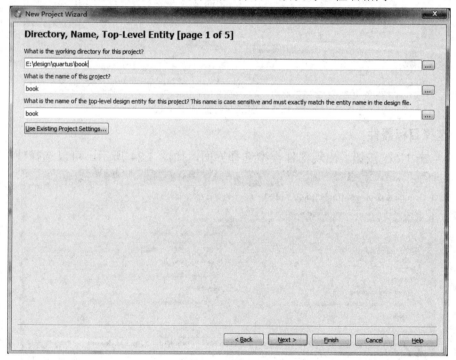

图 1.22 使用 New Project Wizard 创建工程

2．在新建工程中添加设计文件

在图 1.22 所示对话框中点击 Next 按钮，弹出如图 1.23 所示 Add Files 对话框。如果有已经设计好的文件需要添加到当前新建的工程中，则点击 File name 栏后面的浏览按钮找到该文件，单击 Add 按钮即可将该文件添加到当前工程，添加的文件可以是原理图文件、VHDL、Verilog HDL、EDIF、VQM、AHDL 文件等格式的。若新建工程中需要使用特殊的或用户自定义的库，则需要单击 Add Files 对话框下面的 User Libraries...按钮添加相应的库文件。

如没有文件需要添加到当前新建的工程中,则直接单击 Next 按钮进入下一步。如果需要添加文件到工程中,待工程建立后再添加需要的设计文件也可以。

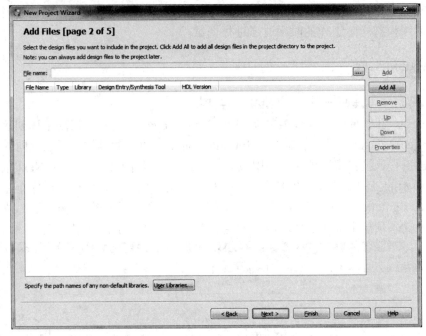

图 1.23　添加文件到当前工程

3．选择目标器件

继续点击 Next 按钮,出现器件类型选择界面,如图 1.24 所示。可以选择使用的目标

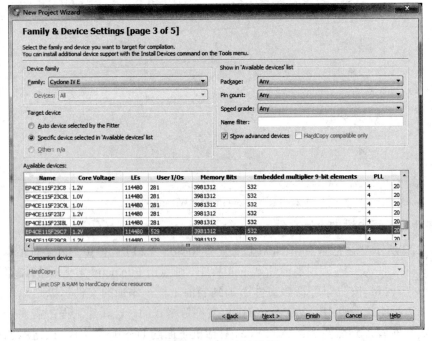

图 1.24　选择目标器件

器件系列及具体器件型号。在器件系列(Device family)的 Family 下拉列表中选择所用的器件系列，然后在可用器件(Available devices)列表中选择使用的目标器件型号。也可以在右侧的封装(Package)、引脚数(Pin count)或速度等级(Speed grade)中选择确定的参数，或在 Name filter 栏输入大概的名称，以便缩小可用器件列表(Available devices)的选择范围，便于快速找到需要的目标器件。

4. EDA 工具设置

检查全部参数，若无误，则单击 Next 按钮，出现如图 1.25 所示的 EDA 工具设置页面，在其中可以选择综合、仿真、验证、板级时序分析等。若选<None>，则表示使用 Quartus Ⅱ 软件集成的工具，也可以选择使用第三方工具，不同的工具对应的输入资源类型、综合工具、操作步骤略有不同。本节示例全部选择为<None>，进入下一步操作。

注意：对于 Quartus Ⅱ 10.0 以上版本，图 1.25 中的 Simulation 应该选择第三方仿真工具，如 ModelSim-Altera，Quartus Ⅱ 10.0 以上版本不再支持图形仿真。

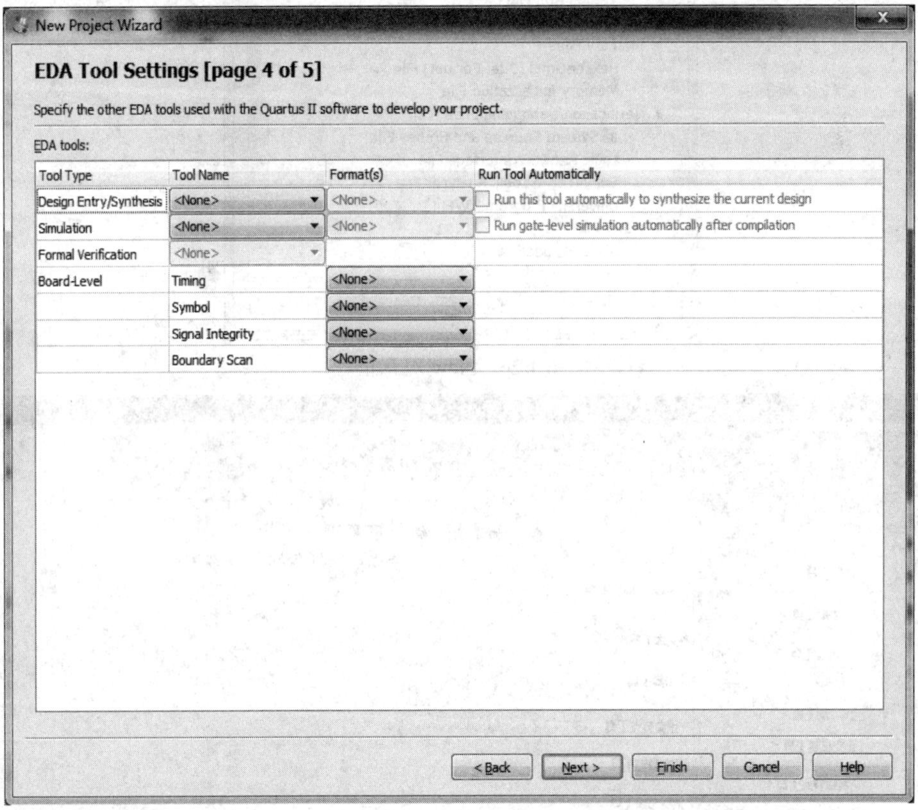

图 1.25 工具设置

5. 结束设置

单击 Next 按钮，出现工程设置信息显示窗口，对前面的设置进行了汇总，单击对话框中的 Finish 按钮，即完成了当前工程的创建；若有误，可单击 Back 按钮返回，重新设置。

注意：在工程设计向导的任一对话框均可直接点击 Finish 按钮完成新工程的创建，所有参数可以选择 Quartus Ⅱ 的主菜单项 Assignments→Settings…进行设置。

1.3.2 建立原理图编辑文件

新的设计工程创建好以后，在 Quartus II 软件中选择菜单项 File→New…，弹出如图 1.26 所示的新建设计文件选择窗口。创建图形设计文件，选择 New 对话框中 Design Files 页下的 Block Diagram/Schmatic File，点击 OK 按钮，则打开图形编辑器窗口，如图 1.27 所示。图中标明了每个按钮的功能，这些按钮在后面的设计中会经常用到。

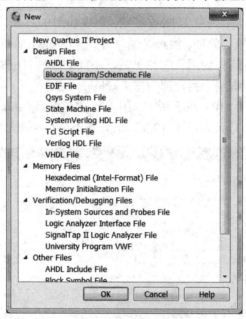

图 1.26 New 对话框

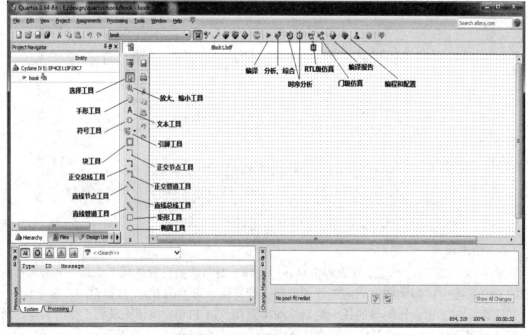

图 1.27 Quartus II 图形编辑器窗口

Quartus Ⅱ图形编辑器也称为块编辑器(Block Editor),用于以原理图(Schematics)和结构图(Block Diagrams)的形式输入和编辑图形设计信息。

在图 1.27 所示 Quartus Ⅱ图形编辑器窗口中,可以根据个人喜好随时改变 Block Editor 的显示选项,如导向线和网格间距、橡皮筋功能、颜色以及基本单元和块的属性等。

可以通过下面几种方法进行原理图设计文件的输入。

1. 基本单元符号输入

Quartus Ⅱ软件为实现不同的逻辑功能提供了大量的基本单元符号和宏功能模块,设计者可以在原理图编辑器中直接调用,如基本逻辑单元、中规模器件以及参数化模块(LPM)等。

按照下面的方法可调入单元符号到图形编辑区:

(1) 在图 1.27 所示的图形编辑器窗口的工作区中双击鼠标左键,或点击图中的"符号工具"按钮,或选择 Quartus Ⅱ的主菜单项 Edit→Insert Symbol…,弹出如图 1.28 所示的 Symbol 对话框。

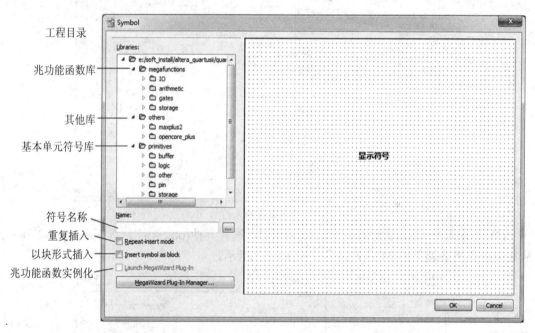

图 1.28 Symbol 对话框

① 兆功能函数(megafunctions)库中包含很多种可直接使用的参数化模块,当选择兆功能函数库时,如果同时使能图中标注的兆功能函数实例化(Launch MegaWizard Plug-In)复选框,则软件自动调用 MegaWizard Plug-In Manager…功能。

② 其他(others)库中包括与 MAX+PLUS Ⅱ软件兼容的所有中规模器件,如 74 系列的集成电路等。

③ 基本单元符号(primitives)库中包含所有的 Altera 基本图元,如逻辑门、输入/输出端口等。

(2) 用鼠标点击 Libraries 中单元库前面的箭头展开符号,直到所有库中图元以列表的方式显示出来，选择所需要的图元或符号，该符号将显示在图 1.28 右边，点击 OK 按钮，所选择符号将显示在图 1.27 的图形编辑区，在合适的位置点击鼠标左键放置符号。重复上述两步，即可连续选取库中符号。

如果要重复选择某一个符号，可以在图 1.28 中选中重复插入(Repeat-insert mode)复选框，选择一个符号以后，可以在图形编辑区重复放置多个，完成后，点击选择工具(图 1.27 中的鼠标箭头图标)或按键盘上的 Esc 键，即取消放置符号，如图 1.29 所示。

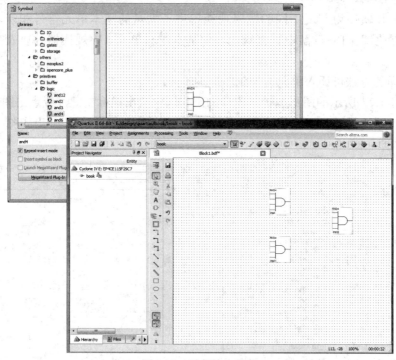

图 1.29 重复输入符号

(3) 要输入 74 系列的符号，方法与(2)相似。选择其他(others)库，点开 maxplus2 列表，从其中选择所要调入的 74 系列符号，如图 1.30 所示。

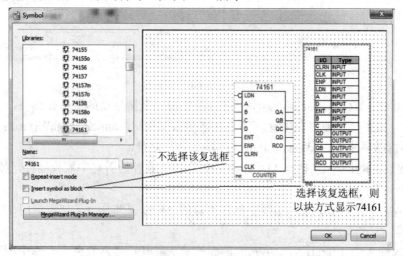

图 1.30 Insert symbol as block 复选框

当选择其他库或兆功能函数库中的符号时，图 1.28 的以块形式插入(Insert symbol as block)复选框有效，如果选中该复选框，则插入的符号以图形块的形状显示，如图 1.30 所示。

(4) 如果知道图形符号的名称，在图 1.28 中，可以直接在符号名称栏(Name)中输入要调入的符号名称，Symbol 对话框将自动打开输入符号名称所在的库列表。如直接输入74161，则 Symbol 对话框将自动定位到 74161 所在库中的列表，如图 1.30 所示。

(5) 图形编辑器中放置的符号都有一个实例名称(如 inst1，可以简单理解为一个符号的多个拷贝项的名称)，符号的属性可以由设计者修改。在需要修改属性的符号上点击鼠标右键，在弹出的右键下拉菜单中选择 Properties 项，则弹出符号属性对话框，如图 1.31 所示。在 General 标签页可以修改符号的实例名；Ports 标签页可以对端口状态进行修改；Parameters 标签页可以对参数化模块的参数进行设置；Format 标签页可以修改符号的显示颜色等。通常不需要修改这些属性，使用默认设置即可。

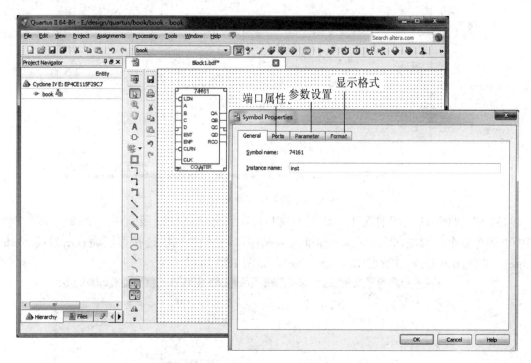

图 1.31 符号属性对话框

2．图形块输入(Block Diagram)

图形块输入也可以称为结构图输入，是自顶向下(Top-Down)的设计方法。设计者首先根据设计结构的需要，在顶层文件中画出图形块(或前面介绍的器件符号)，然后在图形块上输入端口和参数信息，用连接器(信号线或总线、管道)连接各个组件。

可以按照下面的步骤进行结构图的输入：

(1) 建立一个新的图形编辑窗口。

(2) 选择工具条上的块工具，在图形编辑区中拖动鼠标画图形块，在图形块上点击鼠标右键，选择下拉菜单的 Properties 项，弹出块属性对话框，如图 1.32 所示。块属性对话框中也有四个标签页,除 I/Os 标签页外,其他标签页内容与图 1.31 中符号属性对话框相同。块属性对话框中的 I/Os 标签页需要设计者输入块的端口名和类型。如图 1.32 所示,在 I/Os 标签 Name 列的第一行双击 NEW 并键入 dataA,在 Type 列选择 INPUT 输入端口。同理,reset、clk 为输入(INPUT)端口,dataB、ctrl1 为输出(OUTPUT)端口,addrA、addrB 为双向(BIDIR)端口。在 General 标签页中将图形块名称改为 Block_A。点击 OK 按钮完成图形块属性设置。

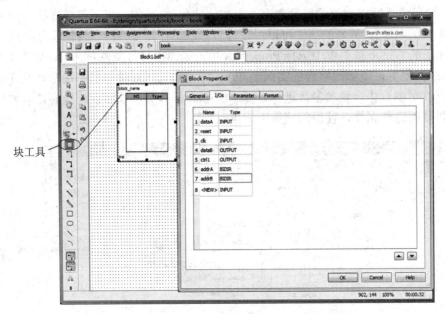

图 1.32 输入图形块和端口

(3) 建立图形块之间的连线,或图形块与标准符号之间的连线。在一个顶层设计文件中,可能有多个图形块,也会有多个标准符号和端口,它们之间的连接可以通过信号线(Node Line)、总线(Bus Line)或管道(Conduit Line),如图 1.33 所示。

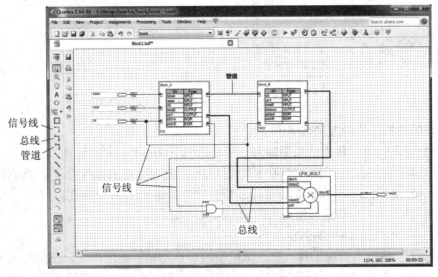

图 1.33 图形块以及符号之间的连线

从图中可以看出，与符号相连的一般是信号线或总线，而与图形块相连的既可以是信号线或总线，也可以是管道。

（4）"智能"模块连接。在用管道连接两个图形块时，如果两边端口名字相同，则不用在管道上加标注；另外，一个管道可以连接模块之间所有的普通 I/O 端口。在两个图形块之间连接的管道上点击鼠标右键，选择管道属性(Conduit Properties)，在管道属性对话框中，可以看到两个块之间相互连接的信号对应关系，如图 1.34 所示。

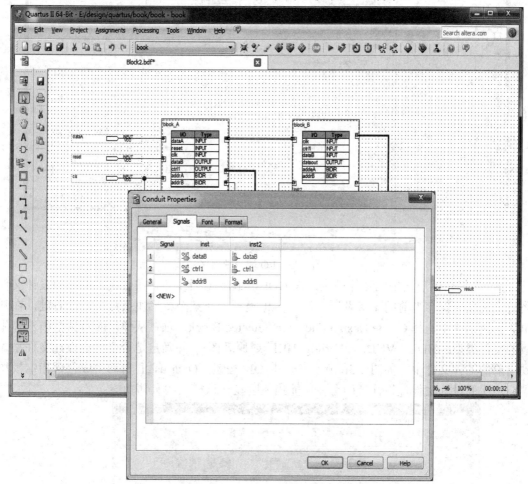

图 1.34 管道属性对话框

（5）模块端口映射。如果管道连接的两个图形块端口名不相同，或图形块与符号相连时，则需要对图形块端口进行 I/O 映射，即指定模块的信号对应关系。在作 I/O 端口映射之前，应对所有的信号线和总线命名，在信号线或总线上点击鼠标右键，选择 Properties，I/O 端口映射如图 1.35 所示。

在图形块上选择需要映射的连接器端点映射器(Mapper)，双击鼠标左键，在 Mapper Properties 对话框的 General 标签页中选择映射端口类型(输入、输出或双向)；在 Mappings 标签页中设置模块上的 I/O 端口和连接器上的信号映射，点击 OK 按钮完成。如果是两个图形块相连，用同样的方法设置连接管道另一端图形块上的映射器属性。另外，选择菜单项 View→Show Mapper Tables，则显示连接器的映射注释框。

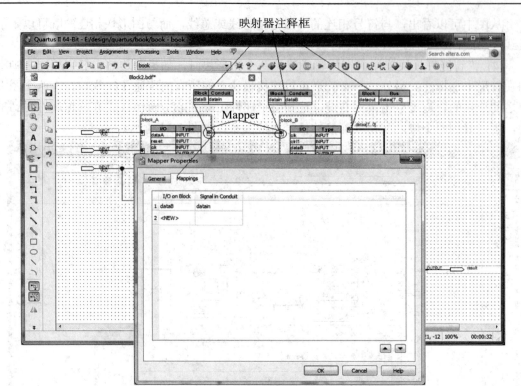

图 1.35 I/O 端口映射

(6) 为每个图形块生成硬件描述语言(HDL)或图形设计文件。在生成图形块的设计文件之前，首先应保存当前的图形设计文件为 .bdf 类型。在某个图形块上点击鼠标右键，在弹出的快捷菜单中选择 Create Design File from Selected Block…项，从弹出的对话框中选择生成的文件类型(AHDL、VHDL、Verilog HDL 或原理图)，并确定是否要将该设计文件添加到当前的工程文件中，如图 1.36 所示。点击 OK 按钮，Quartus Ⅱ 自动生成包含指定模块端口声明的设计文件，设计者即可在功能描述区设计该模块的具体功能。

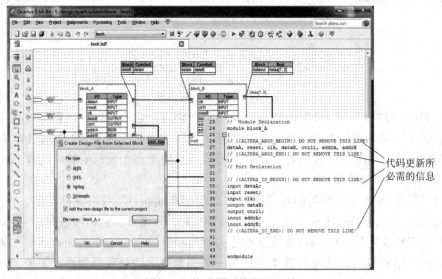

图 1.36 生成图形块设计文件

如果在生成模块的设计文件以后,对顶层图形块的端口名或端口数进行了修改,Quartus Ⅱ可以自动更新该模块的底层设计文件。首先将设计文件关闭,在修改后的图形块上点击鼠标右键,在弹出的快捷菜单中选择 Update Design File from Selected Block…项,在弹出的对话框中选择"是(Y)"按钮,Quartus Ⅱ即可对生成的底层文件端口自动更新。

3. 使用 MegaWizard Plug-In Manager 进行宏功能模块的实例化

MegaWizard Plug-In Manager 可以帮助设计者建立或修改自定义宏功能模块变量的设计文件,然后可以在自己的设计中对这些模块进行实例化。这些自定义的宏功能模块变量基于 Altera 提供的宏功能模块,包括 LPM(Library Parameterized Megafunction)、MegaCore(例如 FFT、FIR 等)和 AMMP(Altera Megafunction Partners Program,例如 PCI、DDS 等)。MegaWizard Plug-In Manager 运行一个向导,帮助设计者轻松地指定自定义宏功能模块变量选项,如模块变量参数和可选端口设置数值。

选择菜单项 Tools→MegaWizard Plug-In Manager…,或直接在原理图设计文件的 Symbol 对话框(图1.28)中点击 MegaWizard Plug-In Manager…按钮都可以在 Quartus Ⅱ软件中打开 MegaWizard Plug-In Manager 向导,也可以直接在命令提示符下键入 qmegawiz 命令,实现在 Quartus Ⅱ软件之外使用 MegaWizard Plug-In Manager。表1.6 列出了 MegaWizard Plug-In Manager 生成自定义宏功能模块变量同时产生的文件。

表 1.6　MegaWizard Plug-In Manager 生成的文件

文件名	描述
<输出文件>.bsf	图形编辑器中使用的宏功能模块符号
<输出文件>.cmp	VHDL 组件声明文件(可选)
<输出文件>.inc	AHDL 包含文件(可选)
<输出文件>.tdf	AHDL 实例化的宏功能模块包装文件
<输出文件>.vhd	VHDL 实例化的宏功能模块包装文件
<输出文件>.v	Verilog HDL 实例化的宏功能模块包装文件
<输出文件>_bb.v	Verilog HDL 实例化宏功能模块包装文件中端口声明部分(称为 Hollow body 或 Black box),用于在使用 EDA 综合工具时指定端口方向
<输出文件>_inst.tdf	宏功能模块包装文件中子设计的 AHDL 实例化示例(可选)
<输出文件>_inst.vhd	宏功能模块包装文件中实体的 VHDL 实例化示例(可选)
<输出文件>_inst.v	宏功能模块包装文件中模块的 Verilog HDL 实例化示例(可选)

在 Quartus Ⅱ软件中使用 MegaWizard Plug-In Manager 对宏功能模块进行实例化的步骤如下:

(1) 选择菜单项 Tools→MegaWizard Plug-In Manager…,或直接在原理图设计文件的 Symbol 对话框(图1.28)中点击 MegaWizard Plug-In Manager…按钮,则弹出如图1.37 所示对话框。

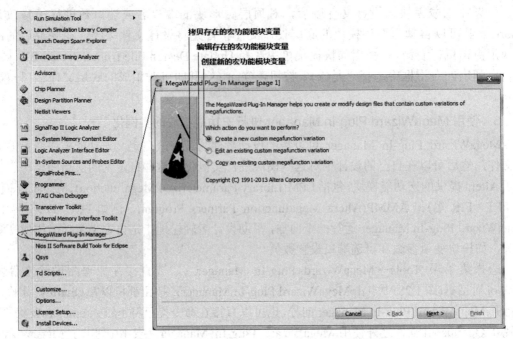

图 1.37　MegaWizard Plug-In Manager 向导对话框首页

(2) 选择创建新的宏功能模块变量选项，点击 Next 按钮，则弹出如图 1.38 所示对话框。在宏功能模块库中选择要创建的功能模块，选择输出文件类型，键入输出文件名。

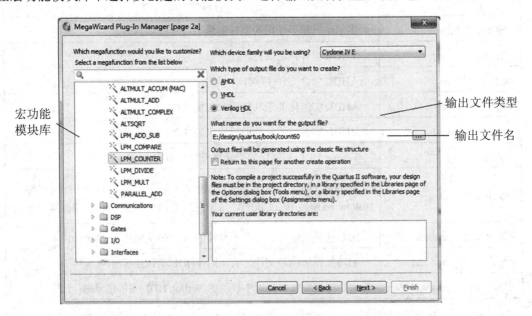

图 1.38　MegaWizard Plug-In Manager 向导对话框宏功能模块选择页面

(3) 点击 Next 按钮，根据需要，依次设置宏功能模块的参数，如输出位数、计数器模值、计数方向、使能输入端、进位输出端以及预置输入等选项，最后点击 Finish 按钮完成宏功能模块的实例化。

进入宏功能模块的参数设置对话框，随时可以点击对话框中的 Documentation…按钮查看所建立的宏功能模块的帮助内容，并可以随时点击 Finish 按钮完成宏功能模块的实例化，此时后面的参数选择默认设置。

(4) 在图形编辑器窗口中调用创建的宏功能模块变量。

除了按照上面的方法直接调用 MegaWizard Plug-In Manager 向导外，还可以直接在图形编辑器中的 Symbol 对话框(图 1.28)中选择宏功能函数(megafunctions)库，直接设置宏功能模块的参数，实现宏功能模块的实例化，如图 1.39 所示。点击 OK 按钮，在图形编辑器中调入所选宏功能模块，如图 1.40 所示，模块的右上角是参数设置框(在 View 菜单中选择 Show Parameter Assignments)，在参数设置框上双击鼠标左键，弹出模块属性对话框。在宏功能模块属性对话框中可以直接设置端口和参数。

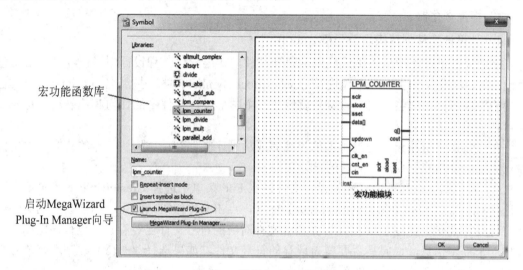

图 1.39　选择宏功能函数库

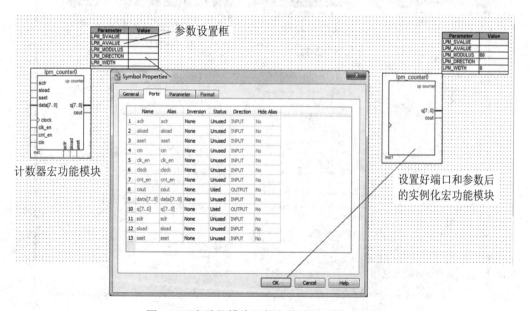

图 1.40　宏功能模块及其参数设置属性对话框

在图 1.40 的模块属性对话框中,可以直接在 Ports 标签页中设置端口的状态(Unused 或 Used),设置为 Unused 的端口将不再显示;在 Parameters 标签页中指定参数,如计数器模值、I/O 位数等,设置的参数将在参数设置框中显示出来。

Quartus Ⅱ软件在逻辑综合过程中,将以下逻辑映射到宏功能模块:

① 计数器;
② 加法器/减法器;
③ 乘法器;
④ 乘法累加器和乘-加器;
⑤ RAM;
⑥ 移位寄存器。

4. 从设计文件创建模块符号(Symbol)

前面我们讲过从图形块生成底层的设计文件,在层次化工程设计中,也经常需要将已经设计好的工程文件生成一个模块符号文件(Block Symbol Files,扩展名为 .bsf),作为自己的功能模块符号在顶层调用,该符号就像在一个图形设计文件中的任何其他宏功能符号一样可被顶层设计重复调用。

在 Quartus Ⅱ中可以通过下面的步骤完成从设计文件到顶层模块符号的建立,这里假设已完成一个功能仿真没有问题的设计文件。

(1) 打开需要创建模块符号的设计文件,在 File 菜单中选择 Create/Update 子菜单,进而选择 Create Symbol Files from Current File 项,点击 OK 按钮,即可为当前打开的文件创建符号文件(.bsf),如图 1.41 所示。如果该文件对应的符号文件已经存在,执行该操作时会弹出一个提示信息,询问是否要覆盖现存的符号文件,如果选择"是(Y)",则现存符号文件的内容就会被新的符号文件覆盖。

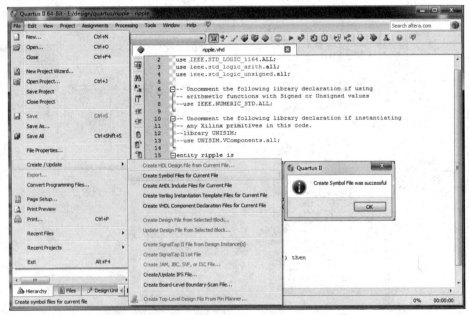

图 1.41　从现行文件创建模块符号文件

(2) 在顶层图形编辑器窗口，打开 Symbol 对话框(如图 1.28 所示)，在工程目录库中即可找到与设计文件同名的符号，点击 OK 按钮，调入该符号。

(3) 如果所产生的符号不能清楚表示符号内容，还可以使用菜单项 Edit→Edit Selected Symbol 对符号进行编辑，或在该符号上点击鼠标右键，从弹出的快捷菜单中选择 Edit Selected Symbol 命令，进入符号编辑界面，如图 1.42 所示。

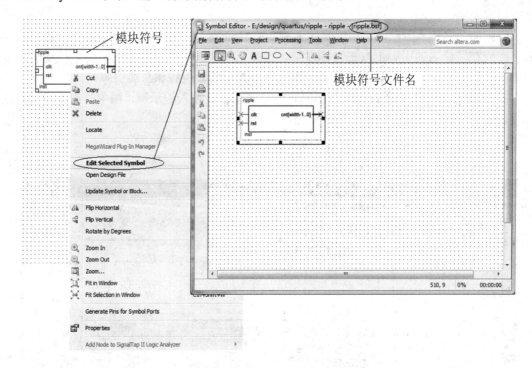

图 1.42　编辑模块符号

5. 建立完整的原理图设计文件(连线、加入输入/输出端口)

要建立一个完整的原理图设计文件，调入所需要的逻辑符号以后，还需要根据设计要求进行符号之间的连线，以及根据信号输入/输出类型放置输入、输出或双向引脚。

(1) 连线。符号之间的连线包括信号线(Node Line)和总线(Bus Line)。如果需要连接两个端口，则将鼠标移动到其中一个端口上，这时鼠标指示符自动变为"十"形状，一直按住鼠标的左键并拖动鼠标到达第二个端口，放开左键，即可在两个端口之间画出一条连接线。Quartus II 软件会自动根据端口是单信号端口还是总线端口画出信号线或总线。在连线过程中，当需要在某个地方拐一个弯时，只需要在该处放开鼠标左键，然后继续按下左键拖动即可。

(2) 放置引脚。引脚包括输入(Input)、输出(Output)和双向(Bidir)三种类型，放置方法与放置符号的方法相同，即在图形编辑窗口的空白处双击鼠标左键，在 Symbol 对话框的符号名框中键入引脚名，或在基本符号库(primitive)的引脚(pin)库中选择，点击 OK 按钮，对应的引脚就会显示在图形编辑窗口中。

要重复放置同一个符号，可以在 Symbol 对话框中选中重复插入复选框，也可以将鼠标放在要重复放置的符号上，同时按下键盘上的 Ctrl 键和鼠标左键，此时鼠标右下角会出现一个加号，拖曳鼠标到指定位置，松开鼠标左键，这样就可以复制拖动的元件符号。

(3) 为引线和引脚命名。引线的命名输入方法是：在需要命名的引线上点击一下鼠标左键，此时引线处于被选中状态，同时引线上方将出现闪烁的光标，然后输入引线的名字。对单个信号线的命名，可用字母、字母组合或字母与数字组合的形式，如 A0、A1、clk 等；对于 n 位总线的命名，可以采用 A[n−1..0]形式，其中 A 表示总线名，可以用字母或字母组合的形式表示。

引脚的命名输入方法是：在放置的引脚 pin_name 处双击鼠标左键，然后输入该引脚的名字；或在需命名的引脚上双击鼠标左键，在弹出的引脚属性对话框的引脚名栏中输入该引脚名。引脚的命名方法与引线命名一样，也分为单信号引脚和总线引脚。

图 1.43 给出一个 4 阶 FIR 滤波器的完整原理图设计输入的示例，图中给出了符号、连接线以及引脚说明。

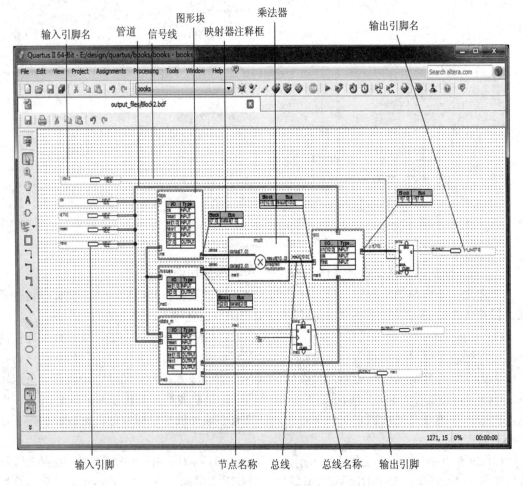

图 1.43 FIR 滤波器原理图示例

6. 图形编辑器选项设置

选择 Quartus Ⅱ 的菜单项 Tools→Options…，则弹出 Quartus Ⅱ 软件的各种编辑器的设置选项对话框，如图 1.44 所示。从 Category 栏中选择 Block/Symbol Editor，可以根据需要设置图形编辑窗口的选项，如背景颜色、符号颜色、各种文字的字体以及网格控制等。

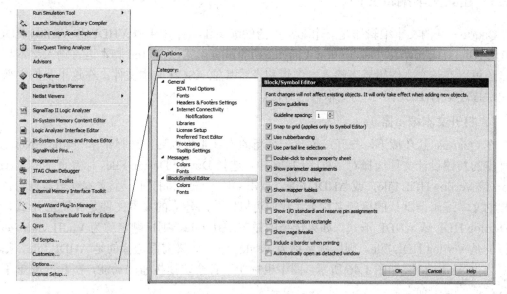

图 1.44 图形编辑器选项设置

7．保存设计文件

设计完成后，需要保存设计文件或重新命名设计文件名，选择菜单项 File→Save As…，出现如图 1.45 所示的对话框。选择文件保存的目录，并在文件名栏内输入设计文件名，如需要将设计文件添加到当前工程中，则勾选对话框下面的 Add file to current project 复选框，点击"保存"按钮即可将文件保存到指定目录中。

图 1.45 Save As 对话框

1.3.3 建立文本编辑文件

Quartus II 的文本编辑器是一个非常灵活的编辑工具，用于以 VHDL 和 Verilog HDL、AHDL(Altera Hardware Description Language)的语言形式以及 Tcl 脚本语言输入文本型设计，还可以在该文本编辑器下输入、编辑和查看其他 ASCII 文本文件。在这里我们主要介绍硬件描述语言(HDL)形式的文本输入方法。

1. 打开文本编辑器

在 Quartus II 环境下，打开或创建一个新的设计工程以后，选择菜单项 File→New…，在弹出的新建设计文件选择对话框(图 1.26)中，选择 Device Design Files 标签页下的 VHDL File，或 Verilog HDL File，或 AHDL File，点击 OK 按钮，将打开一个文本编辑器窗口。在新建的文本编辑器默认的标题名称上，我们可以区分所建立的文本文件是 VHDL 形式，还是 Verilog HDL 或 AHDL 形式。如果选择的是 VHDL File，则标题名称为 Vhdl1.vhd；如果选择的是 Verilog HDL File，则标题名称为 Verilog1.v；如果前面选择的是 AHDL File，则标题名称为 Ahdl1.tdf。如图 1.46 所示，图中也标明了各个快捷按钮的功能，在 Edit 菜单下有同样功能的菜单命令。

图 1.46　文本编辑窗口

2. 编辑文本文件

当我们对文本文件进行编辑时，文本编辑器窗口的标题名称后面将出现一个星号(*)，表明正在对当前文本进行编辑操作，存盘后星号消失。

在文本编辑中，我们可以直接利用 Quartus II 软件提供的模板进行语法结构的输入，方法如下：

(1) 将鼠标放在要插入模板的文本行。

(2) 在当前位置点击鼠标右键，在弹出的快捷菜单中选择 Insert Template…项，或点击图 1.46 中的插入模板快捷按钮，则弹出如图 1.47 所示的插入模板对话框。

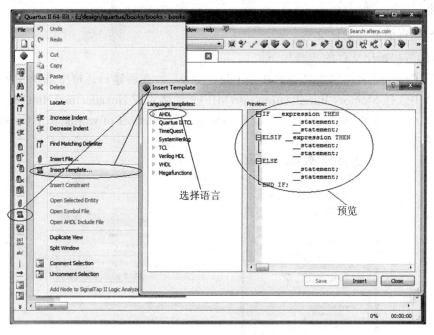

图 1.47　在文本编辑器中插入模板

Quartus Ⅱ 软件会根据所建立的文本类型(VHDL、Verilog HDL 或 AHDL)，在插入模板对话框中自动选择对应的语言模板。

(3) 在插入模板对话框的 Template Section 栏中选择要插入的语法结构，点击 OK 按钮确定。

(4) 编辑插入的文本结构。

3．文本编辑器选项设置

在 Quartus Ⅱ 中选择菜单项 Tools→Options…，则弹出 Quartus Ⅱ 软件的各种编辑器的设置选项对话框，如图 1.44 所示。选择 Category 栏中的 Text Editor，则可以根据需要设置文本编辑窗口的选项，如文本颜色、字体等。

4．保存文本设计文件

文本设计文件输入完成后，需要保存文本文件或重新命名所编辑的文本文件名，选择菜单项 File→Save As…，出现如图 1.45 所示的对话框(注意扩展名和原理图文件不同)，VHDL 的文件扩展名为 .vhd，AHDL 的文件扩展名为 .tdf，Verilog HDL 的文件扩展名为 .v。选择文件保存的目录，并在文件名栏内输入设计文件名，如需要将设计文件添加到当前工程中，则勾选对话框下面的 Add file to current project 复选框，点击"保存"按钮即可将文件保存到指定目录中。

1.3.4　建立存储器编辑文件

当在设计中使用了 FPGA 器件内部的存储器模块(作为 RAM、ROM 或双口 RAM 等)

后，有时需要对存储器模块的存储内容进行初始化。在 Quartus II 软件中，可以直接利用存储器编辑器(Memory Editor)建立或编辑 Intel Hex 格式(.hex)或 Altera 存储器初始化格式(.mif)文件。

1．创建存储器初始化文件

创存储器初始化文件的步骤如下：

(1) 在 Quartus II 环境中选择菜单项 File→New…，在新建对话框中选择 Memory Files 标签页，从中选择 Memory Initialization File(MIF)文件格式或 Hexadecimal (Intel-Format) File 文件格式，点击 OK 按钮；在弹出的对话框中输入字数(Number of words)和字长(Word size)，点击 OK 按钮，如图 1.48 所示。

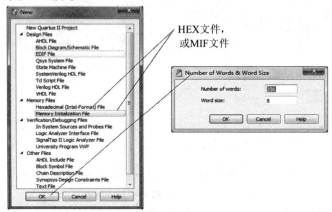

图 1.48　建立存储器初始化文件

(2) 打开的存储器编辑窗口如图 1.49 所示。

(3) 改变编辑器选项，如图 1.49 所示。

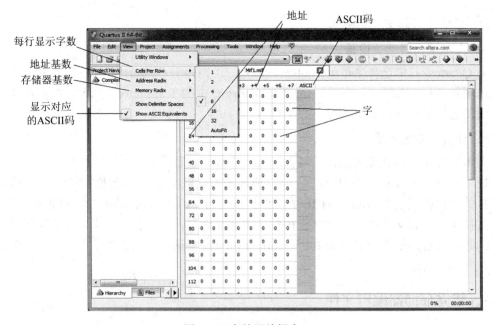

图 1.49　存储器编辑窗口

在 Quartus II 的 View 菜单中，选择 Cells Per Row 中的选项(如 8)，可以改变存储器编辑窗口中每行显示的单元(字)数；选择 Address Radix 中的选项，包括 Binary(二进制)、Hexadecimal(十六进制)、Octal(八进制)、Decimal(十进制)四种，可以改变存储器编辑窗口中地址的显示格式；选择 Memory Radix 中的选项，包括 Binary、Hexadecimal、Octal、Signed Decimal(有符号十进制)、Unsigned Decimal(无符号十进制)五种选择，可以改变存储器编辑窗口中字的显示格式。

(4) 编辑存储器内容。在存储器编辑窗口中选择需要编辑的字，输入内容；或在选择的字上点击鼠标右键，在弹出的快捷菜单中选择 Value 中的一项。

(5) 保存文件。选择菜单项 File→Save As…，以 .hex 或 .mif 格式保存编辑好的存储器文件。

2. 在设计中使用存储器文件

在前面的建立图形设计文件中，我们主要介绍了在图形编辑器中调用 Altera 标准库符号、图形块设计以及宏功能模块的实例化，这里，我们介绍如何在图形设计文件中使用 MegaWizard Plug-In Manager 向导建立存储器模块。

建立一个 256×8 的 RAM 模块，其中 8 表示每个字的位宽。

(1) 选择图形编辑器工作区，双击左键或者点击符号工具，在弹出的 Symbol 对话框中(图 1.28)，点击左下角的 MegaWizard Plug-In Manager 按钮。

(2) 在弹出的对话框中选择 Create a new custom megafunction variation，点击 Next 按钮。

(3) 在下一个对话框中，展开 Memory Compiler 类，从中选择 RAM:2-PORT，如图 1.50 所示。RAM:2-PORT 是双端口 RAM 宏功能模块。

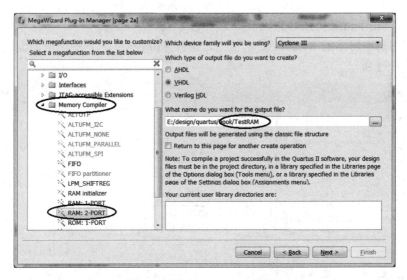

图 1.50　创建 RAM 宏功能模块

(4) 在图 1.50 中，点击右上角器件系列选择下拉框，从中选取项目所用的器件系列(如选择 Cyclone III 系列)；选择参数化模块输出文件的类型(如选择 VHDL)；在"What name do you want for the output file?"栏中键入输出模块的名字；最后点击 Next 按钮。

(5) 在下一个对话框中选择"With one read port and one write port"项，在存储容量中

选择 As a number of words 项，点击 Next 按钮。

(6) 选择存储器字数，这里选择 256；在字的宽度中选择 8 位，点击 Next 按钮。

(7) 在时钟使用方法中选择单时钟"Single clock"项，点击 Next 按钮。

(8) 在 MegaWizard Plug-In Manager 第 5～9 个页面中使用默认设置，连续点击 Next 按钮；在第 10 个页面中，在是否指定存储器初始内容栏中选择"Yes, use this file for the memory content data"，并点击 File name 栏上方的 Browse...按钮，将前面建立的 .mif 或 .hex 文件作为存储器内容的初始化文件，如图 1.51 所示。

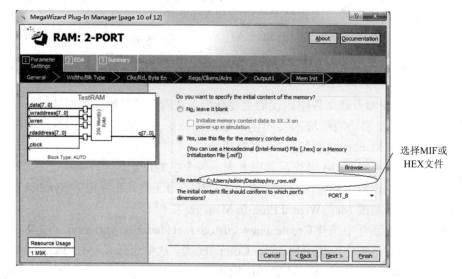

图 1.51 在设计中使用存储器文件

(9) 最后点击 Finish 按钮，完成 RAM 模块的实例化。

(10) 在图形编辑器的 Symbol 对话框中，选择 Project 库，从中调出前面生成的 RAM 模块，如图 1.52 所示。

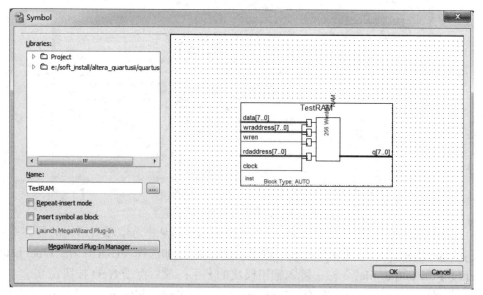

图 1.52 从 Project 库中调出 RAM 模块

1.3.5 设计实例

下面给出一个使用 FPGA 器件内部 RAM 实现 DDS(Direct Digital Synthesizer，直接数字频率合成器)的简单设计。设 DDS 的频率控制字为 32 位，相位累加器的位数为 32 位，输出为 Address[31..0]。将 FPGA 内部 RAM 作为 ROM 使用，地址位数设为 12 位，为了提高精确度，同时兼顾片上资源，把累加器的输出结果 Address[31..0]的高 12 位 Address[31..20]作为 ROM 的地址输入。因此可知该 ROM 的存储容量为 4096×10 位。

该 DDS 实例的顶层设计如图 1.53 所示，其中模块 phase_adder 为相位累加器模块，模块 SinRom 为波形存储器模块，FreqCtrl[31..0]为频率控制字输入，q[9..0]为 ROM 数据输出。

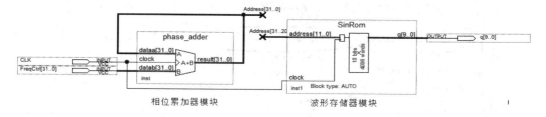

图 1.53 DDS 顶层设计图

DDS 实例各子模块设计：

(1) 相位累加器模块 phase_adder 的设计。相位累加器是 DDS 的核心，其性能的好坏决定了整个系统的性能。普通相位累加器由 32 位加法器与 32 位累加寄存器级联构成，由它产生波形存储器的离散地址值。同时，它也作为后面波形存储器的地址计数器。本例 32 位相位累加器的设计采用 LPM 宏单元库中的 LPM_ADD_SUB 参数化模块例化实现。

如图 1.54 所示，在 MegaWizard Plug-In Manager 的第 2 页中，选择 Arithmetic 库中的 LPM_ADD_SUB 参数化模块，键入输出文件的名字，如 phase_adder，点击 Next 按钮。

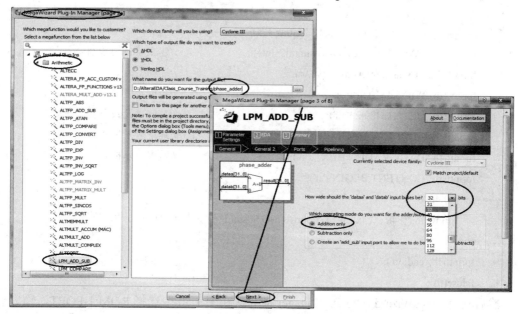

图 1.54 例化 LPM_ADD_SUB

在 MegaWizard Plug-In Manager 的第 3 页中，设置总线位数，如本例将总线位数设置为 32 位，选择 Addition only，点击 Next 按钮。在 MegaWizard Plug-In Manager 的第 6 页中，如图 1.55 所示，设置一个时钟周期的输出延时，即相位累加器结果通过寄存器锁存输出。其他页保持默认设置，点击 Finish 按钮完成相位累加器模块的设计。

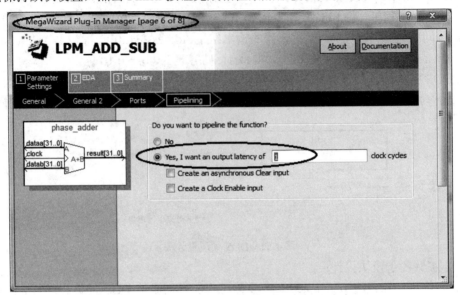

图 1.55　设置相位累加器的时钟输出延时

(2) 波形存储器 ROM 模块的设计。设计波形存储器 ROM 模块之前，应先创建一个存储器初始化文件。参考前面的方法，此处为 ROM 模块建立 .mif 格式的初始化文件 sin.mif。

ROM 模块中波形数据可通过 Matlab 软件计算产生(也可以用 C 语言编程产生)。此处以一个周期正弦波函数为例，给出生成波形数据的 Matlab 实现程序，同时将数据直接写入 sin.mif 文件。

```
//-------------------产生 sin.mif 文件 Matlab 程序----------------------
fh=fopen('E:\MATLAB_test\DDS\sin.mif', 'w+');         //建立 sin.mif 文件
fprintf(fh, '--Created by Author xxx.\r\n');           //注释
fprintf(fh, 'WIDTH=10; \r\n');                         //数据宽度设置
fprintf(fh, 'DEPTH=4096; \r\n');                       //存储单元数设置
fprintf(fh, 'ADDRESS_RADIX=HEX; \r\n');                //地址显示格式
fprintf(fh, 'DATA_RADIX=HEX; \r\n');                   //数据显示格式
fprintf(fh, 'CONTENT BEGIN\r\n');
for i=0:4095
    fprintf(fh, '%4x : %4x ; \n', i, floor((0.5+0.5*sin(2*pi*i/4095))*1024)); //正弦信号
end
fprintf(fh, 'end; \n');
fclose(fh);
```

然后利用 MegaWizard Plug-In Manager 向导，在图 1.50 中选择 ROM:1-PORT，输出模块名键入 SinROM，如图 1.56 所示；在 MegaWizard Plug-In Manager 向导的第 3 页指定存

储器字数为 4096，字宽为 10，如图 1.57 所示；在第 4 页取消选项 "'q' output port" 前面的勾选，即输出数据端无寄存器，如图 1.58 所示。

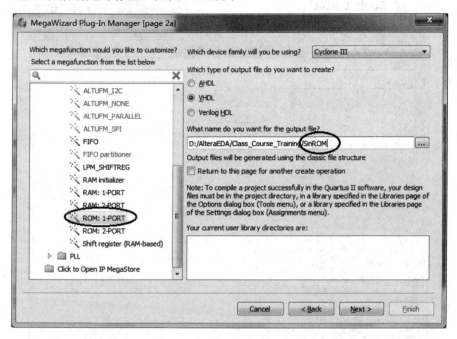

图 1.56　创建 ROM 波形存储器模块 SinROM

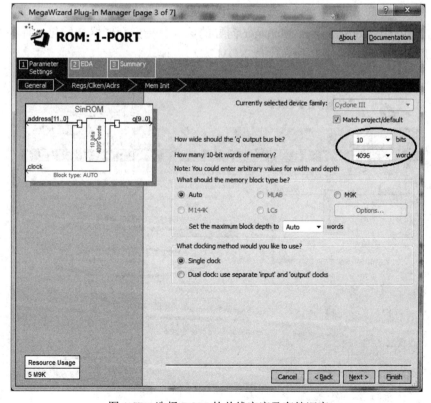

图 1.57　选择 ROM 的总线宽度及存储深度

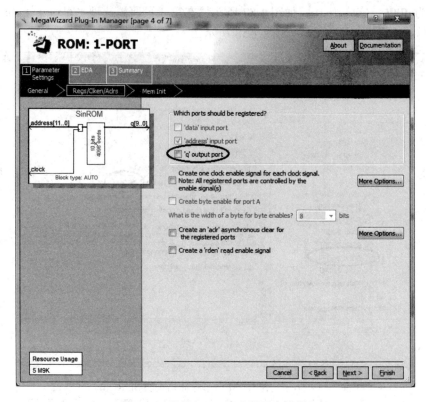

图 1.58 设置 ROM 输出端无寄存器

最后在 MegaWizard Plug-In Manager 向导的第 5 页指定存储器初始化文件为 sin.mif，如图 1.59 所示；点击 Finish 按钮，生成 ROM 宏功能模块。

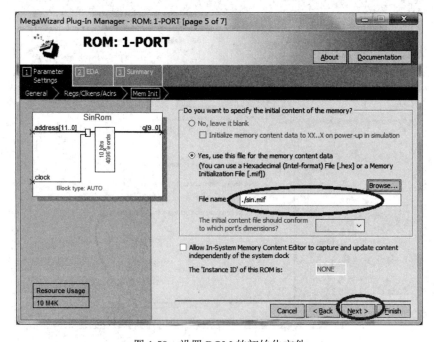

图 1.59 设置 ROM 的初始化文件

(3) 新建原理图文件，调出 phase_adder 和 SinROM 模块，根据 DDS 顶层设计图 1.53，调入输入、输出引脚，完成顶层原理图的设计并存盘。

1.3.6 项目综合

设计项目完成以后，可以使用 Quartus Ⅱ 编译器中的分析综合模块(Analysis & Synthesis)分析设计文件和建立工程数据库。Analysis & Synthesis 使用 Quartus Ⅱ 的集成综合支持(Integrated Synthesis Support)来综合 VHDL(.vhd)或 Verilog(.v)设计文件，Integrated Synthesis 包含在 Quartus Ⅱ 软件中，完全支持 VHDL 和 Verilog 硬件描述语言，并提供了对综合过程进行控制的选项。用户也可以使用其他第三方 EDA 综合工具综合 VHDL 或 Verilog HDL 设计文件，然后再生成可以与 Quartus Ⅱ 软件配合使用的 EDIF 网表文件(.edf)或 VQM 文件(.vqm)。

Quartus Ⅱ 软件的集成综合完全支持 Altera 原理图输入格式的模块化设计文件(.bdf)，以及 Altera 早期的图形设计文件(.gdf)。图 1.60 给出了分析与综合设计流程。

图中 quartus_map、quartus_drc 表示可执行命令文件，在 Quartus Ⅱ 的 Tcl 控制台(进入菜单项 View→Utility Windows→Tcl Console)或 Windows 的 cmd 命令提示符下可以直接输入 quartus_map 命令运行 Quartus Ⅱ 的分析综合(Analysis & Synthesis)工具。

Quartus Ⅱ Analysis & Synthesis 支持 Verilog—1995 标准(IEEE 标准 1364—1995)和大多数 Verilog—2001 标准(IEEE 标准 1364-2001)，还支持 VHDL 1987(IEEE 标准 1076—1987)和 1993(IEEE 标准 1076—1993)标准。设计者可以选择使用的标准，默认情况下，Analysis & Synthesis 使用 Verilog—2001 和 VHDL 1993 标准。还可以指定库映射文件(.lmf)，将非 Quartus Ⅱ 函数映射到 Quartus Ⅱ 函数。所有这些设置都可以在选择菜单项 Assignments→Settings…后弹出的 Settings 对话框的 Verilog HDL Input 和 VHDL Input 页中找到。

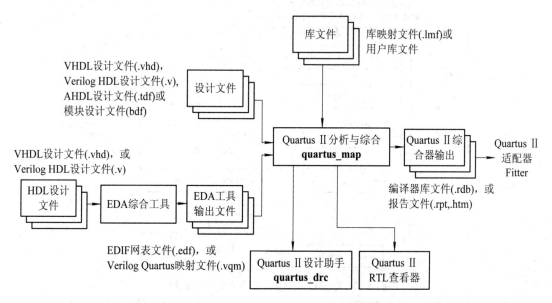

图 1.60 Quartus Ⅱ 综合设计流程

要进行设计项目的分析和综合，在图 1.61 中，点击快捷按钮栏中的 Start Analysis &

Synthesis 按钮，或选择菜单项 Processing→Start→Start Analysis & Synthesis，在综合分析进度指示中将显示综合进度。

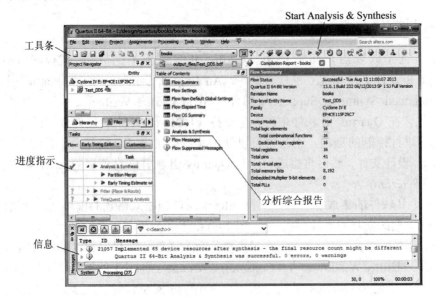

图 1.61 分析综合窗口

1.3.7 Quartus Ⅱ编译器选项设置

1. 编译过程说明

Quartus Ⅱ编译器的典型工作流程如图 1.62 所示。

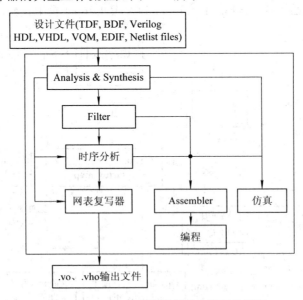

图 1.62 Quartus Ⅱ编译器的典型工作流程

表 1.7 给出 Quartus Ⅱ编译过程中各个功能模块的简单功能描述，同时给出了对应功能模块的可执行命令文件。

表 1.7　Quartus Ⅱ 编译器功能模块描述

功能模块	功 能 描 述
Analysis & Synthesis quartus_map	创建工程数据库、设计文件逻辑综合、完成设计逻辑到器件资源的技术映射
Fitter quartus_fit	完成设计逻辑在器件中的布局和布线； 选择适当的内部互连路径、引脚分配以及逻辑单元分配； 在运行 Filter 之前，Quartus Ⅱ Analysis & Synthesis 必须成功运行
TimeQuest Timing Analyzer quartus_sta	计算给定设计与器件上的延时，并注释在网表文件中； 完成设计的时序分析和逻辑的实现约束； 在运行时序分析之前，必须成功运行 Analysis & Synthesis 和 Fitter
Assembler quartus_asm	产生多种形式的器件编程映像文件，包括 Programmer Object Files(.pof)、SRAM Object Files(.sof)、Hexadecimal (Intel-Format) Output Files(.hexout)、Tabular Text Files(.ttf)以及 Raw Binary Files(.rbf)；.pof 和.sof 文件是 Quartus Ⅱ 软件的编程文件，可以通过 MasterBlaster 或 ByteBlaster 下载电缆下载到器件中；.hexout、.ttf 和.rbf 用于提供 Altera 器件支持的其他可编程硬件厂商； 在运行 Assembler 之前，必须成功运行 Fitter
EDA Netlist Writer quartus_eda	产生用于第三方 EDA 工具的网表文件及其他输出文件； 在运行 EDA Netlist Writer 之前，必须成功运行 Analysis & Synthesis、Fitter 以及 Timing Analyzer

2．编译器选项设置

通过编译器选项设置，可以控制编译过程。在 Quartus Ⅱ 编译器设置选项中，可以指定目标器件系列、Analysis & Synthesis 选项、Fitter 设置等。Quartus Ⅱ 软件的所有设置选项都可以在 Settings 对话框中找到。

用下面的任一方法可以弹出 Settings 对话框，如图 1.63 所示。

图 1.63　Settings 对话框

(1) 在 Quartus Ⅱ 环境中选择菜单项 Assignments→Settings…。

(2) 在工程导航窗口的 Hierarchy 页，在顶层文件名上点击鼠标右键，从弹出的快捷菜单中选择 Settings…项。

(3) 直接点击 Quartus Ⅱ 软件工具条上的 快捷按钮。

1) 指定目标器件

在对设计项目进行编译时，需要为设计项目指定一个器件系列，然后，设计人员可以自己指定一个具体的目标器件型号，也可以让编译器在适配过程中在指定的器件系列内自动选择最适合该项目的器件。

指定目标器件的步骤如下：

(1) 在 Quartus Ⅱ 中选择菜单项 Assignments→Device…，弹出 Device 对话框(与建立工程向导中对应器件选择页面类似)，如图 1.64 所示。

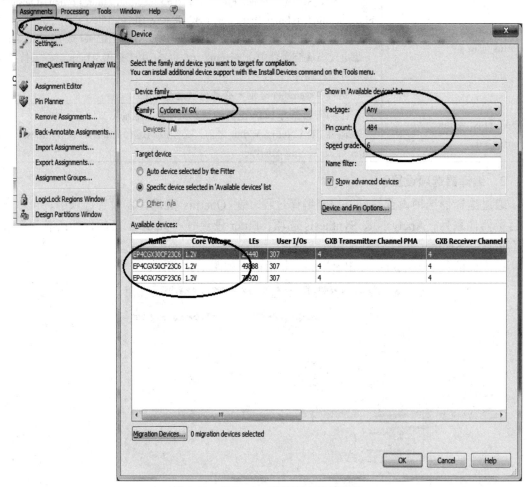

图 1.64　在 Device 对话框中选择器件

(2) 在 Family 列表中选择目标器件系列，如 Cyclone Ⅳ GX。

(3) 在 Available devices 框中指定一个目标器件，或选择 Auto device selected by the Fitter，由编译器根据项目大小自动选择目标器件。

(4) 在 Show in 'Available devices' list 选项中设置目标器件的选择条件，这样可以缩小器件的选择范围。选项包括封装、引脚数以及器件速度等级。

2) 编译过程设置

编译过程设置包括编译速度、编译所用磁盘空间以及其他选项。通过下面的步骤可以设定编译过程选项：

(1) 在 Settings 对话框中选择 Compilation Process Settings，则显示编译过程设置页面，如图 1.65 所示。

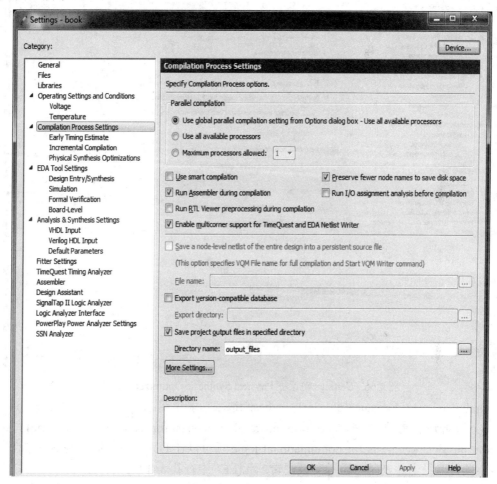

图 1.65 Settings 对话框 Compilation Process Settings 页

(2) 为了使重编译的速度加快，可以打开 Use smart compilation 选项。

(3) 为了节省编译所占用的磁盘空间，可以打开 Preserve fewer node names to save disk space 选项。

(4) 其他选项采用默认设置或根据需要设置。

(5) Compilation Process Settings 中的 Physical Synthesis Optimizations 技术将适配过程和综合过程紧密地结合起来，打破了传统的综合和适配完全分离的编译过程。下面给出简单的描述，说明 Physical Synthesis Optimizations 技术是如何提高设计性能的，该选项可用于 MAX Ⅱ、Stratix、Stratix Ⅱ、Stratix GX 以及 Cyclone 系列以上版本器件。

要设置该选项,在 Settings 对话框 Compilation Process Settings 下,点击 Physical Synthesis Optimizations,则可以显示 Physical Synthesis Optimizations 页,如图 1.66 所示。

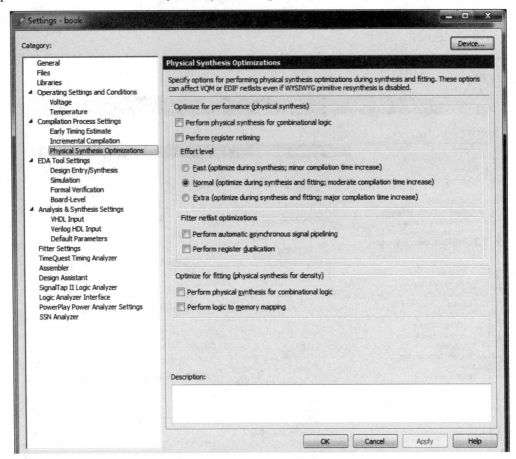

图 1.66 Settings 对话框 Physical Synthesis Optimizations 页

Optimize for performance(physical synthesis)选项功能说明:

① 组合逻辑的物理综合(Perform physical synthesis for combinational logic)。选择 Perform physical synthesis for combinational logic 项可以让 Quartus Ⅱ适配器重新综合设计来减小关键路径上的延时。通过交换逻辑单元(LEs)中查找表(LUT)端口,物理综合技术可以减少关键路径经过符号单元的层数,从而达到时序优化的目的,如图 1.67 图例所示。该选项还可以通过查找表复制的方式优化关键路径上的延时。

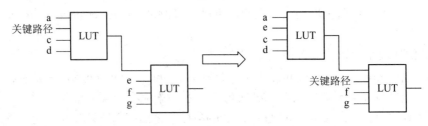

图 1.67 组合逻辑的物理综合图例

图 1.67 左图中关键路径信号经过两个查找表到达输出，Quartus Ⅱ软件将第二个查找表中的一个输入与关键路径进行交换，从而减少了关键路径上的延时。变换结果并不改变设计功能。

该选项仅影响查找表形式的组合逻辑结构，逻辑单元中的寄存器部分保持不动，而且存储器模块、DSP 模块以及 I/O 单元的输入不能交换。

② 寄存器重定时的物理综合(Perform register retiming)。选项 Perform register retiming 允许 Quartus Ⅱ适配器移动组合逻辑两边的寄存器来平衡延时。

Fitter netlist optimizations 选项中的寄存器复制选项 Perform register duplication 允许 Quartus Ⅱ适配器在布局基础上复制寄存器。该选项对组合逻辑也有效。图 1.68 给出一个寄存器复制的示例。

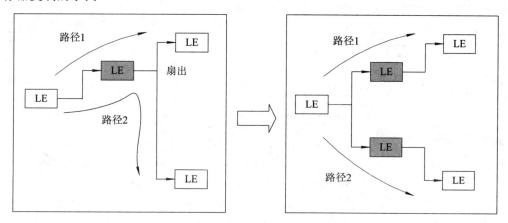

图 1.68　寄存器复制示例

当一个逻辑单元扇出到多个地方，如图 1.68 左图所示，导致路径 1 与路径 2 的延时不同，在不影响路径 1 延时的基础上，采用寄存器复制的方式减小路径 2 的延时。经过寄存器复制后的电路功能没有改变，只是增加了复制的逻辑单元，但减小了关键路径上的延时。

Effort level 设置选项功能说明：该设置包括 Fast、Normal 和 Extra 三个选项，默认选项为 Normal。Extra 选项使用比 Normal 更多的编译时间来获得较好的编译性能，而 Fast 选项使用最少的编译时间，但达不到 Normal 选项的编译性能。

3) Analysis & Synthesis 设置

Analysis & Synthesis 选项可以优化设计的分析综合过程。

(1) 在 Settings 对话框中选择 Analysis & Synthesis Settings，则显示分析综合 Analysis& Synthesis Settings 页，如图 1.69 所示。

(2) Optimization Technique 选项指定在进行逻辑优化时编译器优先考虑的条件。

① Speed：编译器以设计实现的工作速度 f_{MAX} 优先。

② Area：编译器使设计占有尽可能少的器件资源。

③ Balanced：编译器折中考虑速度与资源占用情况(默认设置)。

(3) 在 Analysis & Synthesis Settings 页中，选择 Category 下的 VHDL Input 和 Verilog HDL Input，可以支持的 VHDL 和 Verilog HDL 的版本，也可以指定 Quartus Ⅱ的库映射文件(.lmf)。

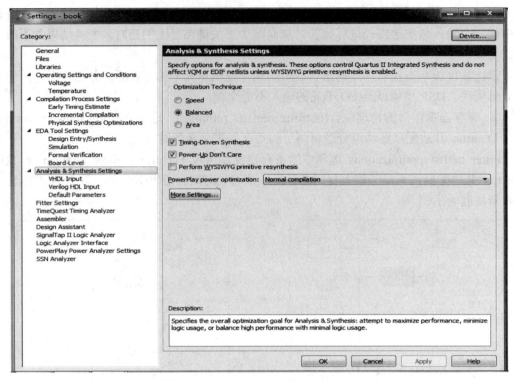

图 1.69 Settings 对话框 Analysis & Synthesis Settings 页

(4) 如果在综合过程中使用了网表文件，如 EDIF 输入文件(.edf)、第三方综合工具生成的 Verilog Quartus 映射(.vqm)文件，或 Quartus Ⅱ软件产生的内部网表文件等，可以选择设置 Perform WYSIWYG primitive resynthesis 选项，以进一步改善设计性能。

Perform WYSIWYG primitive resynthesis 选项可以指导 Quartus Ⅱ软件对原子网表(Atom Netlist)中的逻辑单元映射分解为(un-map)逻辑门，然后重新映射(re-map)到 Altera 特性图元，该选项的 Quartus Ⅱ软件工作流程如图 1.70 所示。

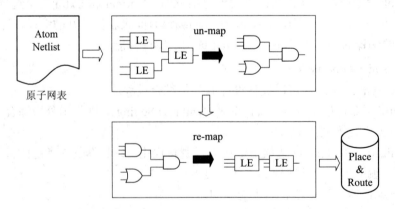

图 1.70 WYSIWYG primitive resynthesis 特性 Quartus Ⅱ软件工作流程

4) 适配(Fitter)设置

适配设置选项可以控制器件适配及编译速度。

(1) 在 Settings 对话框的 Category 中选择 Fitter Settings，则显示 Fitter 设置页，如图 1.71 所示。

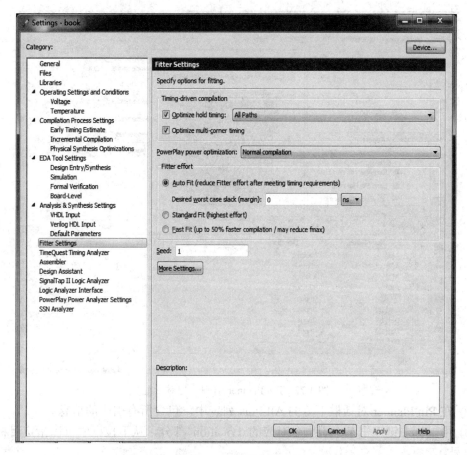

图 1.71　Settings 对话框的 Fitter Settings 页

(2) 在时间驱动编译(Timing-driven compilation)选项中，选择 Optimize hold timing 和 Optimize multi-corner timing，并在下拉列表中选择 IO Paths and Minimum TPD Paths。

选项说明如下：

① Timing-driven compilation 设置选项允许 Quartus Ⅱ软件根据用户指定的时序要求优化设计。

② Fitter effort 设置包括 Auto Fit、Standard Fit 和 Fast Fit 选项，不同的选项编译时间不同。这些选项的目的都是使 Quartus Ⅱ软件将设计尽量适配到约束的延时要求，但都不能保证适配的结果一定满足要求。

1.3.8　引脚分配

在前面选择好一个合适的目标器件，完成设计的分析综合过程，得到工程的数据库文件以后，需要对设计中的输入/输出引脚根据目标板的连接指定具体的器件引脚号码，指定引脚号码称为引脚分配或引脚锁定。

在 Pin Planner 中完成引脚分配，步骤如下：

(1) 选择菜单项 Assignments→Pin Planner，出现如图 1.72 所示的 Pin Planner 引脚分配对话框。

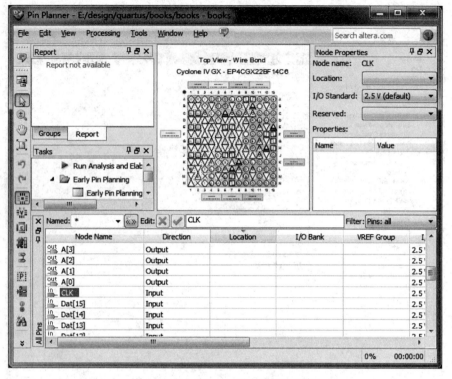

图 1.72 Pin Planner 引脚分配对话框

(2) 在 Pin Planner 对话框下方的 All Pins 列表中，包含所有引脚的信息。

(3) 用鼠标左键双击某个引脚名对应的 Location 部分，从下拉框中可以指定目标器件的引脚号。

(4) 完成所有设计中引脚的指定后，关闭 Pin Planner 对话框，即完成了引脚锁定。

(5) 在进行编译之前，可检查引脚分配是否合理。选择菜单项 Processing→Start→Start I/O Assignment Analysis，当提示 I/O 分配分配成功时，点击 OK 按钮关闭提示。

下面简单介绍一下 I/O 分配分析过程。

选择菜单项 Processing→Start→Start I/O Assignment Analysis 命令，或在 Tcp 命令控制台输入 quartus_fit <工程名> --check_ios 命令并回车，即可运行 I/O 分配分析过程。

Start I/O Assignment Analysis 命令将给出一个详细的分析报告以及一个引脚分配输出文件(.pin)。要查看分析报告，选择菜单项 Processing→Compilation Report，在出现的 Compilation Report 界面中，点击 Fitter 前面的加号"＋"，其中包括五个部分：

① 分析 I/O 分配总结(Analyze I/O Assignment Summary)。
② 底层图查看(Floorplan View)。
③ 引脚分配输出文件(Pin-Out File)。
④ 资源部分(Resource Section)。
⑤ 适配信息(Fitter Messages)。

在运行 Start I/O Assignment Analysis 命令之前如果还没有进行引脚分配，则 Start I/O

Assignment Analysis 命令将自动为设计完成引脚分配。设计者可以根据报告信息查看引脚分配情况，如果觉得 Start I/O Assignment Analysis 命令自动分配的引脚合理，可以选择菜单项 Assignments→Back-Annotate Assignments...命令，在弹出的对话框中选择 Pin & device assignments 进行引脚分配的反向标注，如图 1.73 所示。反向标注将引脚和器件的分配保存到 QSF 文件中。

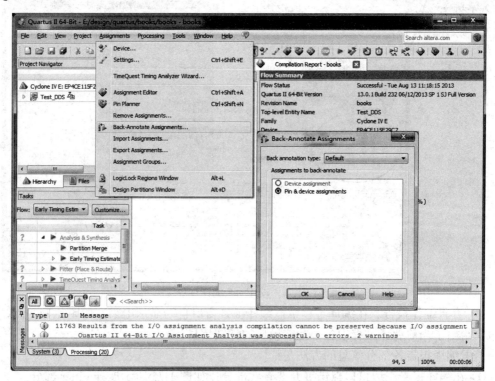

图 1.73 Start I/O Assignment Analysis 结果的反向标注

1.3.9 项目编译结果分析

Quartus Ⅱ 软件的编译器包括多个独立的模块，各模块可以单独运行，也可以选择菜单项 Processing→Start Compilation 启动全编译过程。

编译一个设计的步骤如下：

(1) 选择菜单项 Processing→Start Compilation，或点击工具条上的 ▶ 快捷按钮，启动全编译过程。

在设计项目的编译过程中，状态窗口和消息窗口自动显示出来。在状态窗口中将显示全编译过程中各个模块和整个编译进程的进度以及所用时间；在消息窗口中将显示编译过程中的信息，如图 1.74 所示。最后的编译结果在编译报告窗口中显示出来，整个编译过程在后台完成。

(2) 在编译过程中如果出现设计上的错误，可以在消息窗口选择错误信息，在错误信息上双击鼠标左键，或点击鼠标右键，从弹出的快捷菜单中选择 Locate in Design File，可以在设计文件中定位错误所在的地方；在快捷菜单中选择 Help，可以查看错误信息的帮助。

修改所有错误,直到全编译成功为止。

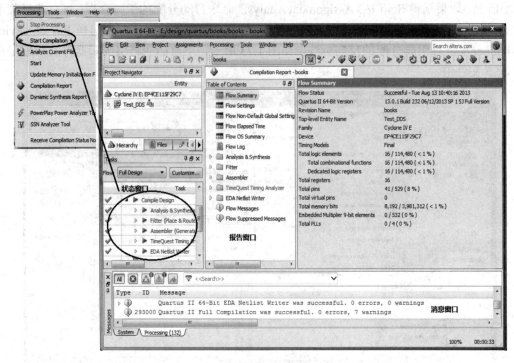

图 1.74　设计的全编译过程

(3) 查看编译报告。在编译过程中,编译报告窗口自动显示出来,如图 1.74 所示。编译报告给出了当前编译过程中各个功能模块的详细信息。

查看编译报告各部分信息的方法是:

① 在编译报告左边窗口点击展开要查看部分,如图 1.75 所示展开 Fitter 部分;

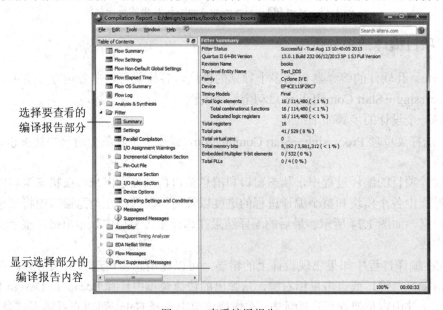

图 1.75　查看编译报告

② 用鼠标选择要查看的部分，报告内容在编译报告右边窗口中显示出来。

全编译以后，选择菜单项 Tools→Chip Planner，可以在底层芯片规划图中观察或调整适配结果。Quartus Ⅱ软件在 Chip Planner 图中提供了下面观测内容：

(1) 可以同时显示用户分配信息和适配位置分配；可以创建新的位置分配，查看并编辑 LogicLock(逻辑锁定)区域以及查看器件资源和所有设计逻辑的布线信息。

(2) 显示资源分配和最后编译过程中的布局布线情况。

1.3.10 项目程序下载编程

使用 Quartus Ⅱ软件成功编译设计工程之后，就可以对 Altera 器件进行编程或配置。Quartus Ⅱ编译器的 Assembler 模块(quartus_asm 命令)自动将适配过程的器件、逻辑单元和引脚分配信息转换为器件的编程图像，并将这些图像以目标器件的编程对象文件(.pof)或 SRAM 对象文件(.sof)的形式保存为编程文件，Quartus Ⅱ软件的编程器(Programmer)使用该文件对器件进行编程配置。

Altera 编程器硬件包括 MasterBlaster、ByteBlasterMV(ByteBlaster MultiVolt)、ByteBlaster Ⅱ、USB-Blaster、USB-Blaster Ⅱ和 Ethernet Blaster 下载电缆，或 Altera 编程单元(APU)。其中 ByteBlasterMV 电缆和 MasterBlaster 电缆功能相同，不同的是 ByteBlasterMV 电缆用于并口，而 MasterBlaster 电缆既可以用于串口也可以用于 USB 口；USB-Blaster 电缆、USB-Blaster Ⅱ电缆、Ethernet Blaster 电缆和 ByteBlaster Ⅱ电缆增加了对串行配置器件提供编程支持的功能，其他功能与 ByteBlaster 和 MasterBlaster 电缆相同；USB-Blaster 和 USB-Blaster Ⅱ电缆使用 USB 口，Ethernet Blaster 电缆使用 Ethernet 网口，ByteBlaster Ⅱ电缆使用并口。

在 Quartus Ⅱ编程器中可以建立一个包含设计中所用器件名称和选项的链式描述文件(.cdf)。如果对多个器件同时进行编程，在 CDF 文件中还可以指定编程文件和所用器件从上到下的顺序。

Quartus Ⅱ软件编程器具有四种编程模式：被动串行模式(Passive Serial Mode，PS 模式)、JTAG 模式、主动串行编程模式(Active Serial Programming Mode，AS 模式)和 Socket 编程模式(In-Socket Programming Mode)。

被动串行(PS)模式和 JTAG 模式可以对单个或多个器件进行编程；主动串行编程(AS)模式用于对单个 EPCS1 或 EPCS4 串行配置器件进行编程；Socket 编程模式用于在 Altera 编程单元(APU)中对单个可编程器件进行编程和测试。

通过 USB-Blaster 在 FPGA 开发板上进行器件编程的步骤如下：

(1) 打开编程器窗口。在 Quaruts Ⅱ软件中打开编程器窗口并建立一个链式描述文件，步骤如下：

① 选择菜单项 Tools→Programmer，编程器窗口自动打开一个名为<工程文件名>.cdf 的新链式描述文件，其中包括当前编程文件以及所选目标器件等信息，如图 1.76 所示。

② 选择菜单项 File→Save As，保存 CDF 文件。

图 1.76 编程器窗口

(2) 选择编程模式。

① 在编程器窗口的 Mode 列表中选择编程模式,默认选择 JTAG 模式,如图 1.76 所示。

② 点击左上角的编程硬件设置 Hardware Setup...按钮,弹出硬件设置对话框,如图 1.77 所示。

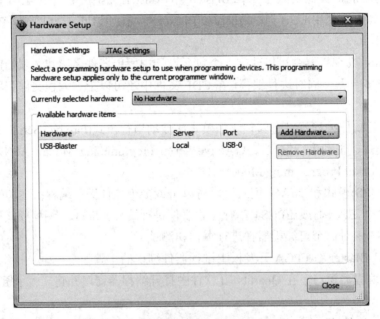

图 1.77 编程器硬件设置对话框

③ 用鼠标在"Avaliable hardware items"清单中的"USB-Blaster"上双击鼠标左键(注意,如果其中没有 USB-Blaster 项,则表明 USB-Blaster 电缆没有连接到计算机,或目标板没有上电,或 USB-Blaster 下载电缆的驱动没有安装),在"Currently selected hardware:"

栏会出现"USB-Blaster[USB-0]",按 Close 按钮退出 Hardware Setup 对话框。此时在 Programmer 对话框的 Hardware Setup...按钮右边显示"USB-Blaster[USB-0]",如图 1.78 所示。

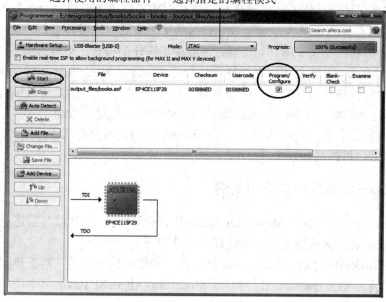

图 1.78 指定编程器件和编程模式后的编程器窗口

④ 确认目标板上的 FPGA 处于 JTAG 编程模式(DE0 开发板上的 RUN/PROG 拨动开关处于 RUN 位置);确认编程窗口的 Program/Configure 处已经勾选,然后点击 Start 按钮进行编程。

1.4 ModelSim-Altera 10.1d 简介

1.4.1 ModelSim 软件架构

ModelSim 仿真工具是 Mentor 公司开发的,支持 Verilog、VHDL 以及它们的混合仿真,可以将整个程序分步执行,使设计者直接看到程序下一步要执行的语句,而且在程序执行的任何步骤、任何时刻都可以查看任意变量的当前值,可以在 Dataflow 窗口查看某一单元或模块的输入/输出的连续变化等,比 Quartus Ⅱ 9.0 等以前版本中自带的仿真器功能强大得多,是目前业界最通用的仿真器之一。

ModelSim 有多种版本,Mentor 公司专门为 Actel、Atmel、Altera、Xilinx 以及 Lattice 等 FPGA 厂商量身设计的工具均是其 OEM 版本。为 Altera 提供的 OEM 版本是 ModelSim-AE,为 Xilinx 提供的版本为 ModelSim-XE。SE 版本为最高级版本,在功能和性能方面比 OEM 版本强很多,比如仿真速度方面,还支持 PC、UNIX、Linux 混合平台,本章论述均采用 SE 版本。

ModelSim 具备强大的模拟仿真功能,在设计、编译、仿真、测试、调试开发过程中,有一整套工具供设计者使用,而且操作起来极其灵活,可以通过菜单、快捷键和命令行的方式进行工作。ModelSim 的窗口管理界面使用起来很方便,它能很好地与操作系统环境协调工作。ModelSim 的一个显著特点就是具备命令行的操作方式,类似于一个 Shell,有很多操作指令供用户使用,使人感觉就像是工作在 UNIX 环境下,这种命令行操作方式是基于 Tcl/Tk 的,其功能相当强大,这需要在以后的实际应用中慢慢体会。

ModelSim 的功能侧重于编译、仿真,不能指定编译的器件,不具有编程下载能力。不像 Symplify、Quartus Ⅱ软件可以在编译前选择器件。而且 ModelSim 在时序仿真时无法编辑输入波形(但可以根据仿真需要实时设置输入信号的状态),一般是通过编写测试台(Test Bench)程序来完成初始化和模块输入,或者通过外部宏文件提供激励。

ModelSim 还具有分析代码的能力,可以看出不同的代码段消耗资源的情况,从而可以对代码进行改善,以提高其效率。

1.4.2 ModelSim 软件仿真应用实例

在 Quartus Ⅱ环境中调用 ModelSim-Altera 进行设计仿真,本节以对前述设计 Test_DDS 进行 RTL 功能仿真为例进行说明,具体操作方法如下:

(1) 安装 ModelSim-Altera 软件,保证软件在单独使用情况下能正常工作(本文实例中所用软件及其版本分别为 Quartus Ⅱ 13.0 及 ModelSim-Altera SE10.1d,不同版本之间略有差异,但步骤基本相同)。

(2) ModelSim-Altera 调用设置。如果是第一次用 Quartus Ⅱ调用 ModelSim-Altera 软件进行仿真,则需要在 Quartus Ⅱ环境中选择菜单项 Tools→Options,在弹出的 Options 对话框中进行调用设置,如图 1.79 所示。在 General 栏的 EDA Tool Options 中设置 ModelSim-Altera 软件的安装路径,例如本例为 D:\AlteraEDA\modelsim_ase\win32aloem。点击确认后,即可在 Quartus Ⅱ中调用 ModelSim-Altera 软件。

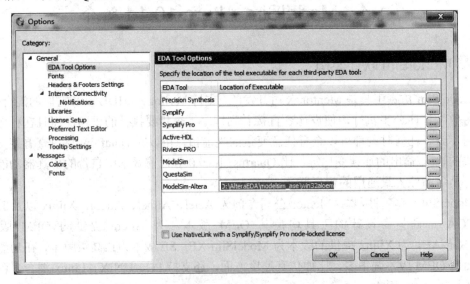

图 1.79 在 Quartus Ⅱ中设置 ModelSim 的路径

(3) 仿真环境设置。选择 Quartus Ⅱ 菜单项 Assignments→Settings，在 EDA Tool Settings 中设置 Simulation，可以在 Tool name 下拉列表中选择仿真工具软件，如 ModelSim。在网表设置(EDA Netlist Writer settings)中，输出网表格式和输出路径都选默认，不需要改动，但是要注意在时间单位设置中，需要保持和 Test Bench 代码中的时间单位一致，如图 1.80 所示。

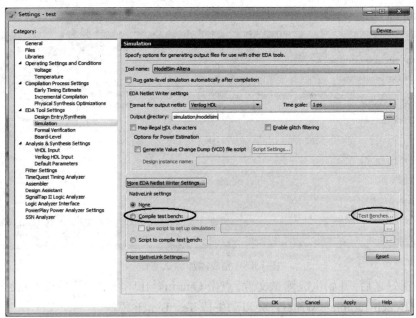

图 1.80　Quartus Ⅱ 中仿真环境设置

选中图 1.80 中 Compile test bench 选项，并添加需要编译的(Test Benches...)，如图 1.81 所示。

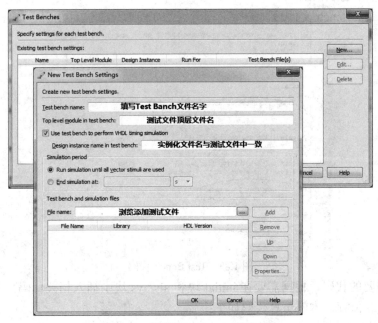

图 1.81　新建 Test Bench 测试文件

在 Test Benches 页面中点击右上角的 New...按钮添加新的 Test Bench。在弹出的 New Test Bench Settings 对话框中完成相应的设置工作,包括:填写 Test Bench 文件的名字(*.vt 或者*.vht 文件名);填写 Test Bench 文件中顶层模块名;填写 Test Bench 文件中设计实例模块名;浏览找到测试文件并添加(Add)。点击 OK 按钮退出 New Test Bench Settings 对话框。

如图 1.82 所示,点击 OK 按钮完成添加,至此完成了 Quartus Ⅱ环境中 EDA Tools 的仿真(Simulation)设置。

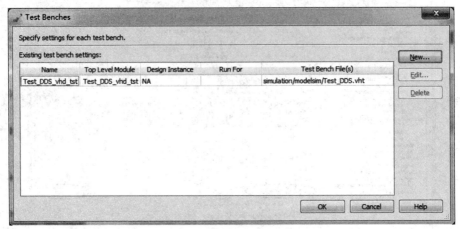

图 1.82 完成添加测试文件

(4) 设置好之后,开始生成测试文件。点击 Quartus Ⅱ环境中的菜单项 Processing→Start →Start Test Bench Template Writer,会自动生成 Test Bench 模板。

(5) 在 Quartus Ⅱ中打开 Test Bench 文件。前面生成的 Test Bench 文件自动保存在工程目录中的 Simulation/Modelsim 目录下,以 .vt(Verilog 语言编写的测试文件)或者 .vht(VHDL 编写的测试文件)格式存在。

(6) 打开 Test Bench 文件后,编写工程所需的 Test Bench 文件内容,如图 1.83 所示。

图 1.83 Test Bench 代码

删除不需要的代码,根据需要在 initial 块和 always 块中插入相关代码,并将文件命名为 Test_DDS_tb 保存,本例仿真代码如下:

`timescale 10ps/1ps

```
module Test_DDS_tb;
reg[15:0] Dat;
reg Clk;
wire[15:0] A;
wire[7:0] Q;
parameter ClockPeriod = 20;

initial
begin
Clk = 0;
forever #(ClockPeriod/2) Clk = ~Clk;
end

initial
begin
Dat = 16'h0200;
#10240
Dat = 16'h0400;
end

Test_DDS dut(.Dat(Dat),.Clk(Clk),.A(A),.Q(Q));

endmodule;
```

(7) 开始仿真。在 Quartus II 中选择菜单项 Tools→Run Simulation Tool→RTL Simulation，或者点击 Quartus II 快捷工具栏中的 RTL Simulation 按钮，即可开始调用 ModelSim-Altera 进行仿真，仿真结果如图 1.84 所示。图中相位控制字 FreqCtrl[31..0]设置为十六进制数 00800000H，相位累加器输出 Address[31..0]，波形存储器 SinRom 输出的 10 位正弦波数据 q[9..0]用模拟波形方式显示。

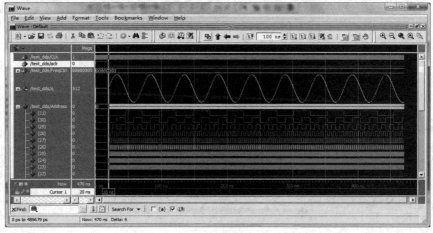

图 1.84　DDS 实例 ModelSim RTL 仿真结果

1.5 FPGA 调试工具 SignalTap Ⅱ 应用

随着 FPGA 设计任务复杂性的不断提高，FPGA 设计调试工作的难度也越来越大，在设计验证中投入的时间和花费也会不断增加。为了让产品更快投入市场，设计者必须尽可能减少设计验证时间，这就需要一套功能强大且容易使用的验证工具。Altera SignalTap Ⅱ 逻辑分析仪可以用来对 Altera FPGA 内部信号状态进行评估，帮助设计者很快发现设计中存在问题的原因。

Quartus Ⅱ 软件中的 SignalTap Ⅱ 逻辑分析仪是非插入、可升级、易于操作且对 Quartus Ⅱ 用户免费的。SignalTap Ⅱ 逻辑分析仪允许设计者在设计中用探针的方式探查内部信号状态，帮助设计者调试 FPGA 设计。

1.5.1 在设计中嵌入 SignalTap Ⅱ 逻辑分析仪

在设计中嵌入 SignalTap Ⅱ 逻辑分析仪有两种方法，第一种方法是建立一个 SignalTap Ⅱ 文件(.stp)，然后定义 STP 文件的详细内容；第二种方法是用 MegaWizard Plug-In Manager 建立并配置 STP 文件，然后用 MegaWizard 实例化一个 HDL 输出模块。下面采用第一种方法在设计好的工程文件中嵌入 SignalTap Ⅱ 逻辑分析仪来进行时序波形的在线调试。

1. 创建 SignalTap Ⅱ 文件(扩展名为 .stp)

STP 文件包括 SignalTap Ⅱ 逻辑分析仪设置部分和捕获数据的查看、分析部分。创建一个 STP 文件的步骤如下：

(1) 在 Quartus Ⅱ 软件中，首先打开需要在线调试的设计工程文件，然后选择菜单项 File→New。

(2) 在弹出的 New 对话框中，选择 Verification/Debugging Files 下面的 SignalTap Ⅱ Logic Analyzer File，如图 1.85 所示。

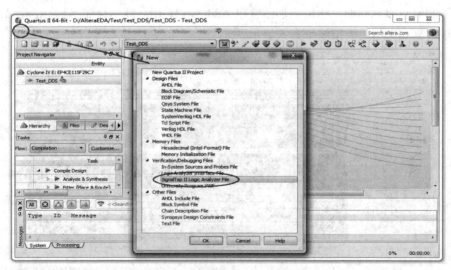

图 1.85　新建一个 STP 文件

(3) 点击 New 对话框中的 OK 按钮确定，一个新的 SignalTap Ⅱ 窗口如图 1.86 所示。

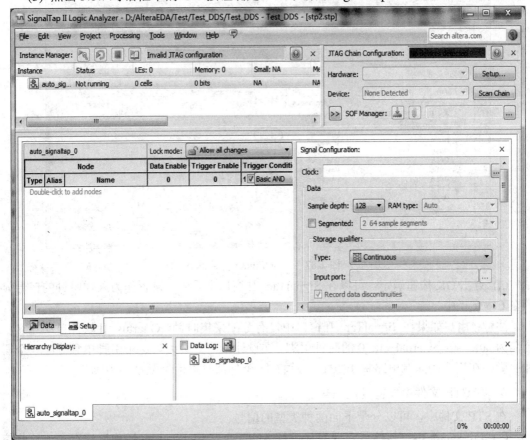

图 1.86　SignalTap Ⅱ 窗口

上面的操作也可以通过菜单项 Tools→SignalTap Ⅱ Logic Analyzer 来完成，这种方法也可以用来打开一个已经存在的 STP 文件。

2. 设置 SignalTap Ⅱ 文件采集时钟

在使用 SignalTap Ⅱ 逻辑分析仪进行 FPGA 在线调试之前，首先应该设置 STP 文件的采集时钟(如图 1.86 右边的 Clock)，采集时钟在上升沿处采集数据。可以使用设计项目中的任意信号作为采集时钟，但建议最好使用全局时钟，而不要使用门控时钟，而且选择的采样信号和需要观测的信号要满足奈奎斯特采样定理。

设置 SignalTap Ⅱ 采集时钟的步骤如下：

(1) 在 SignalTap Ⅱ 逻辑分析仪窗口右侧，点击 Clock 栏后面的按钮，打开 Node Finder 对话框，如图 1.87 所示。

(2) 在 Node Finder 对话框中，在 Filter 列表中选择 Design Entry (all names)或 SignalTap Ⅱ: pre-synthesis。

(3) 点击 Named 框后面的 List 按钮，在 Nodes Found 列表中选择合适的信号作为 SignalTap Ⅱ 的采集时钟(如图 1.87 所示，选择 Clk 信号作为时钟)，双击所选择的信号添加到 Selected Nodes 列表中。

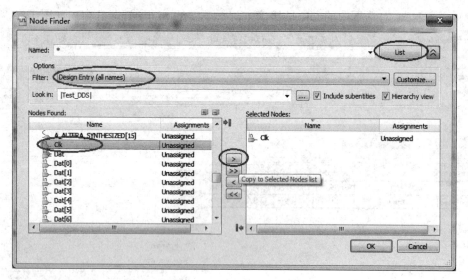

图 1.87 Node Finder 对话框

(4) 点击 OK 按钮确定。可以在 SignalTap Ⅱ 窗口中看到，设置作为采样时钟的信号显示在 Clock 栏中。

注意：用户如果在 SignalTap Ⅱ 窗口中没有分配采集时钟，Quartus Ⅱ 软件自动建立一个名为 auto_stp_external_clk_0 的时钟引脚。在设计中用户必须为这个引脚单独分配一个器件引脚，在用户的印制电路板(PCB)上必须有一个外部时钟信号驱动该引脚。

3．在 STP 文件中配置观测信号

在 STP 文件中，可以分配下面两种类型的信号：

(1) Pre-synthesis：该信号在对设计进行 Analysis & Elaboration 操作以后存在，这些信号表示寄存器传输级(RTL)信号。

在 SignalTap Ⅱ 中要分配 Pre-synthesis 信号，可选择菜单项 Processing→Start Analysis & Elaboration。对设计进行修改以后，如果要在物理综合之前快速加入一个新的结点名，使用这项操作特别有用。

(2) Post-fitting：该信号在对设计进行物理综合优化以及布局、布线操作后存在。

4．分配数据信号

(1) 在 Quartus Ⅱ 中完成项目的 Processing→Start→Start Analysis & Elaboration，或 Processing→Start→Start Analysis & Synthesis，或直接完成 Processing→Start Compilation 全编译过程。

(2) 在 SignalTap Ⅱ 逻辑分析仪窗口，点击 Setup 标签页。

(3) 在 Setup 标签页中双击鼠标左键，弹出 Node Finder 对话框。

(4) 在 Node Finder 对话框的 Filter 列表中选择 SignalTap Ⅱ: pre-synthesis 或 SignalTap Ⅱ: post-fitting，也可以选择 Design Entry(all names)。

(5) 在 Named 框中输入结点名、部分结点名或通配符，点击 List 按钮查找结点。

(6) 在 Nodes Found 列表中选择要加入 STP 文件中的结点或总线。

(7) 点击 ">" 按钮将选择的结点或总线添加到右边的 Selected Nodes 列表中。

(8) 点击 OK 按钮，将选择的结点或总线插入 STP 文件，如图 1.88 所示。

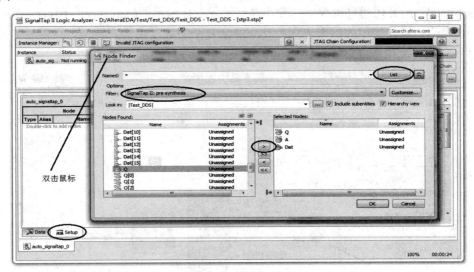

图 1.88 分配数据信号

5. SignalTap II 逻辑分析仪触发设置

逻辑分析仪触发控制主要是设置观测信号的触发条件(Trigger Conditions)。

(1) 触发类型选择 Basic AND 或 Basic OR：如果触发类型选择 Basic，在 STP 文件中必须为每个信号设置相应的触发模式(Trigger Pattern)。SignalTap II 逻辑分析仪中的触发模式包括 Don't Care(无关项触发)、Low(低电平触发)、High(高电平触发)、Falling Edge(下降沿触发)、Rising Edge(上升沿触发)和 Either Edge(双沿触发)。

如图 1.89 所示，当所设定的触发条件满足时，SignalTap II 逻辑分析仪开始捕捉数据。

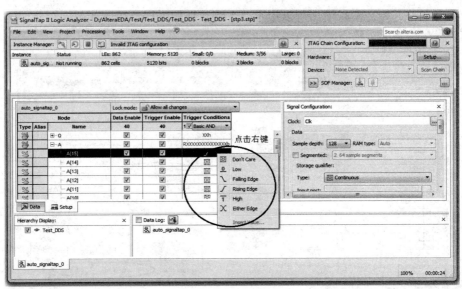

图 1.89 设置触发模式

(2) 触发类型选择 Advanced：如果触发类型选择 Advanced，则必须为逻辑分析仪建立触发条件表达式。一个逻辑分析仪最关键的特点就是它的触发能力。如果不能很好地为数据捕获建立相应的触发条件，逻辑分析仪可能无法帮助设计者捕捉到需要观测的有效信号。

在 SignalTap Ⅱ 逻辑分析仪中，使用高级触发条件编辑器(Advanced Trigger Condition Editor)，用户可以在简单的图形界面中建立非常复杂的触发条件。设计者只需要将运算符拖动到触发条件编辑器窗口中，即可建立复杂的触发条件，如图 1.90 所示。

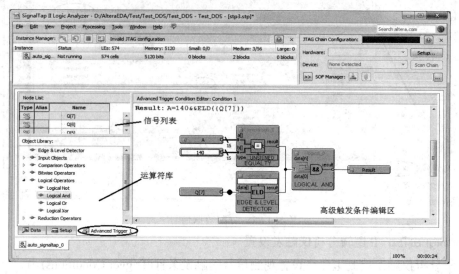

图 1.90　高级触发条件编辑器

SignalTap Ⅱ 逻辑分析仪具有强大的触发功能，更多设置请参考 Quartus Ⅱ 手册第 3 卷 Verification 第Ⅳ部分 System Debugging Tools 的第 13 章 Design Debugging Using the SignalTap Ⅱ Logic Analyzer 内容。

6. 指定采样点数及触发位置

在触发事件开始之前，用户可以指定要观测数据的采样点数，即数据存储深度，以及触发事件发生前后的采样点数，如图 1.91 所示。

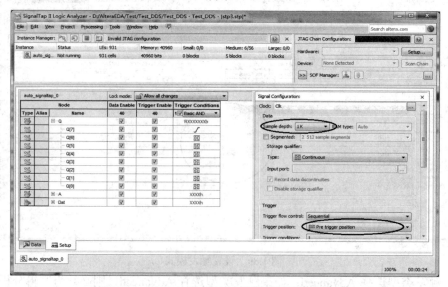

图 1.91　设置 SignalTap Ⅱ 采样点数及触发位置

在 SignalTap Ⅱ 文件窗口右侧 Signal Configuration 部分的 Data 栏中，在 Sample depth 列表中可以选择需要观测的采样点数；在 Trigger 栏中，在 Trigger position 列表中可以选择触发信号有效前后的数据比例：

(1) Pre trigger position：保存触发信号发生之前信号状态信息(88%的触发前数据，12%的触发后数据)。

(2) Center trigger position：保存触发信号发生前后数据，各占 50%。

(3) Post trigger position：保存触发信号发生之后信号状态信息(12%的触发前数据，88%的触发后数据)。

触发位置设置允许用户指定 SignalTap Ⅱ 逻辑分析仪在触发信号有效前后需要捕获的采样点数。采集数据被放置在一个环形数据缓冲区，在数据采集过程中，新的数据可以替代旧的数据，如图 1.92 所示。这个环形数据缓冲区的大小等于用户设置的数据存储深度(Sample Depth)。

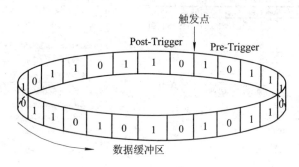

图 1.92　环形数据缓冲区

7. 重新编译嵌入 SignalTap Ⅱ 逻辑分析仪的设计项目

配置好 STP 文件后，在使用 SignalTap Ⅱ 逻辑分析仪之前必须编译 Quartus Ⅱ 设计工程。

首次建立并保存 STP 文件时，Quartus Ⅱ 软件自动将 STP 文件加入工程中。也可以采用下面的步骤手动添加 STP 文件到设计项目中：

(1) 在 Quartus Ⅱ 软件中，选择菜单项 Assignments→Settings，弹出 Settings 对话框。

(2) 在 Category 列表中选择 SignalTap Ⅱ Logic Analyzer。

(3) 在 SignalTap Ⅱ Logic Analyzer 页中，使能 Enable SignalTap Ⅱ Logic Analyzer 选项。

(4) 在 SignalTap Ⅱ File Name 栏中输入 STP 文件名。

(5) 点击 OK 按钮确认。

(6) 选择菜单项 Processing→Start Compilation 开始编译。

1.5.2　使用 SignalTap Ⅱ 进行编程调试

在设计中嵌入 SignalTal Ⅱ 逻辑分析仪并完全编译完成以后，通过 USB-Blaster 下载电缆连接好调试板并加电。打开 SignalTap Ⅱ 文件，完成嵌入 SignalTap Ⅱ 逻辑分析仪器件编程调试的步骤如下：

(1) 在 SignalTap Ⅱ 文件右上方的 JTAG Chain Configuration 部分，在 Hardware 列表中选择 USB-Blaster，一般情况下 SignalTap Ⅱ 会自动扫描到调试板上的器件并显示在 Device 列表中。

(2) 点击 SOF Manager 后面的选择按钮，选择嵌入 SignalTap Ⅱ 逻辑分析仪的下载文件。

(3) 点击 Program Device 图标 进行器件编程，如图 1.93 所示。

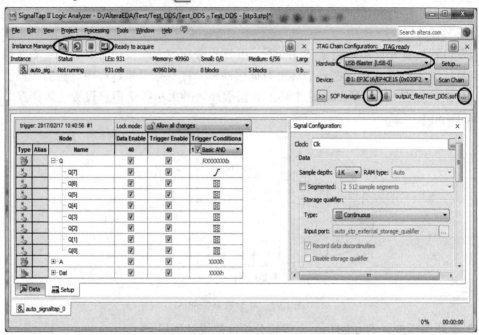

图 1.93　SignalTap Ⅱ 分析器件编程

1.5.3　查看 SignalTap Ⅱ 调试波形

在 SiganlTap Ⅱ 界面中，选择 Run Analysis 或 AutoRun Analysis 按钮，启动 SignalTap Ⅱ 逻辑分析仪。当触发条件满足时，SignalTap Ⅱ 逻辑分析仪开始捕获数据。

SignalTap Ⅱ 工具条上有四个执行逻辑分析仪的选项，如图 1.94 左上角所示：

(1) Run Analysis：单步执行 SignalTap Ⅱ 逻辑分析仪，即执行该命令后，SignalTap Ⅱ 逻辑分析仪等待触发事件，当触发事件发生时开始采集数据，然后停止。

(2) AutoRun Analysis：执行该命令后，SignalTap Ⅱ 逻辑分析仪根据所设置的触发条件连续捕获数据，直到用户按下 Stop Analysis 为止。

(3) Stop Analysis：停止 SignalTap Ⅱ 分析。如果触发事件还没有发生，则没有接收数据显示出来。

(4) Read Data：显示捕获的数据。如果触发事件还没有发生，用户可以点击该按钮查看当前捕获的数据。

SignalTap Ⅱ 逻辑分析仪自动将采集的数据显示在 SignalTap Ⅱ 界面的 Data 标签页中，如图 1.94 所示。

第1章　EDA 硬件开发平台与开发工具

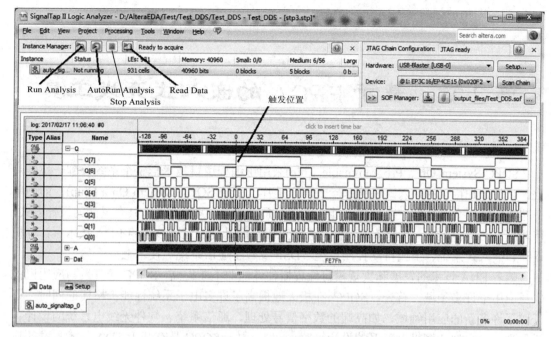

图 1.94　SignalTap Ⅱ 逻辑分析仪的采集数据

也可以根据需要改变观测总线的显示方式。如图 1.95 所示，在总线名称上点击鼠标右键，在弹出的快捷菜单中选择最下方的 Bus Display Format，可以选择相应的显示格式，如图中选择 Unsigned Line Chart，可以看到输出数据的正弦波显示。

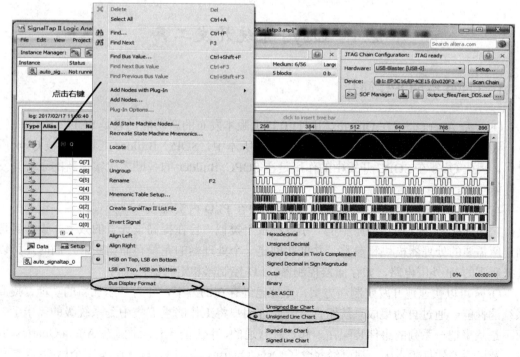

图 1.95　变总线的显示方式

第 2 章　基于 FPGA 的嵌入式开发工具

SOPC(System On a Programmable Chip)采用可编程逻辑技术把整个系统放到一块硅片上。它是一种特殊的嵌入式系统：一方面它是片上系统(SOC，System On a Chip)，即由单个芯片完成整个系统的主要逻辑功能；另一方面，它是可编程系统，具有灵活的设计方式，可裁减、扩充、升级，并具备软硬件在系统可编程的功能。这项技术将 EDA 技术、计算机设计、嵌入式系统、工业自动控制系统、DSP 及数字通信系统等技术融为一体。

随着 EDA 技术的发展和大规模可编程器件性能的不断提高，SOPC 的开发与应用已被广泛应用于许多领域。首先，SOPC 在极大地提高了许多电子系统性能价格比的同时，还开辟了许多新的应用领域，如高端的数字信号处理、通信系统、软件无线电系统的设计、微处理器及大型计算机处理器的设计等等；同时，由于 SOPC 具有基于 EDA 技术标准的设计语言与系统测试手段、规范的设计流程与多层次的仿真功能，以及高效率的软硬件开发与实现技术，使得 SOPC 及其实现技术无可争议地成为现代电子技术最具时代特征的典型代表。

2.1　Qsys 系统开发工具

2.1.1　Qsys 与 SOPC 简介

Qsys 是 Altera 公司在 Quartus Ⅱ 11.0 以上版本发布的新功能，它是 SOPC Builder 的新一代产品。在 Quartus Ⅱ 11.0 及以后的软件版本中，SOPC Builder 工具逐渐被 Qsys 所取代，因此 Qsys 在 SOPC 开发中的作用是在 SOPC Builder 的基础之上实现新的系统开发与性能互联。

与 SOPC Builder 相同，Qsys 是一种可加快在 PLD 内实现嵌入式处理器相关设计的工具，它的功能与 PC 应用程序中的"引导模板"类似，旨在提高设计者的效率。设计者可确定所需要的处理器模块和参数，并据此创建一个处理器的完整存储器映射，同时还可以选择所需的 IP 外围电路，如存储器控制器、I/O 控制器和定时器模块等。

Qsys 可以快速地开发定制新方案，重建已经存在的方案，并为其添加新的功能，提高系统的性能。通过自动集成系统组件，它允许用户将工作的重点集中到系统级的需求上，而不是从事把一系列的组件装配在一起这种普通的、手工的工作上面。在 Altera Quartus Ⅱ 11.0 及以后的软件版本中，都已经包含了 Qsys(Quartus Ⅱ 13.0 以上版本完全用 Qsys 替代 SOPC Builder)。设计者采用 Qsys 系统集成工具，能够在一个工具内定义一个从硬件到软件的完整系统，而花费的时间仅仅是传统 SOC 设计的几分之一。

Qsys 提供了一个强大的平台，用于组建一个在模块级和组件级定义的系统。它的组件库包含了从简单的固定逻辑的功能块到复杂的、参数化的、可以动态生成的子系统等一系列的组件。这些组件可以是从 Altera 或其他合作伙伴购买来的 IP 核，它们中一些是可以免费下载用来作评估的。用户还可以简单地创建他们自己定制的组件。Qsys 内建的 IP 核库是 OpenCore Plus 版的业界领先的 Nios/Nios Ⅱ嵌入式软核处理器。所有的 Quartus Ⅱ用户能够把一个基于 Nios/ NiosⅡ处理器的系统经过生成、仿真和编译，进而下载到 Altera FPGA 中，进行实时评估和验证。

Qsys 与原来的 SOPC Builder 相比主要的功能优点是：Qsys 系统集成工具自动生成互联逻辑，连接知识产权(IP)功能和子系统，从而显著节省了时间，减轻了 FPGA 设计工作量。Qsys 是新一代 SOPC Builder 工具，在 FPGA 优化片上网络(NoC)新技术的支持下，与 SOPC Builder 相比，提高了性能，增强了设计重用功能，缩短了 FPGA 设计过程，可更迅速地进行验证。

2.1.2 Qsys 系统主要界面

在 Quartus Ⅱ中打开需要添加 Qsys 系统的项目工程，选择 Quartus Ⅱ的工具栏中的 Qsys 快捷按钮(或菜单项 Tools→Qsys)，就可以启动 Qsys 工具，如图 2.1 所示。

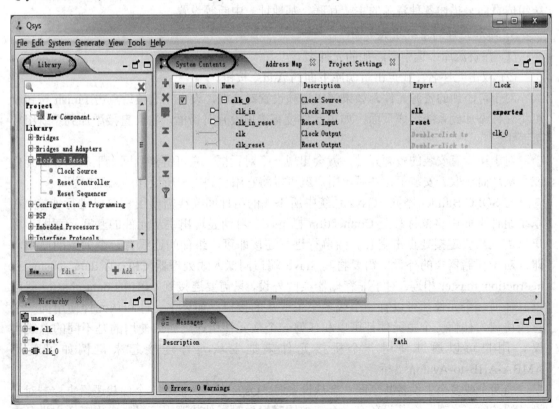

图 2.1 Qsys 系统工具

1. Qsys 主界面

用户在系统主界面中来定义所需的 Qsys 系统(如图 2.1 所示)。在 Qsys 的资源库(Library)中包括了用户可使用的所有资源列表,用户可以选择相应的资源添加到系统组成页面(System Contents)中。当用户用 Qsys 产生系统时,它就在 Quartus Ⅱ 工程项目中生成了一个 Qsys 系统模块。这个模块就包含了用户所定制的所有组成元件和接口。另外,这个模块还包括了自动生成的总线(互联)逻辑。

1) 资源库(Library)

资源库中列出了根据总线类型和逻辑类别来分类的所有可用的库元件。每个元件名前面都有一个带颜色的圆点,不同的颜色代表不同的含义。

- 绿圆点:用户可以添加到用户系统中的元件是完全许可的。
- 黄圆点:元件在系统设计中的应用受到某种形式的限制。
- 白圆点:元件目前还没有安装到用户的系统上,用户可以从网上下载这些元件。

资源库下方的 New…按钮用于创建新的组件,Add…按钮则用于将选择的组件添加到系统中。

2) 系统组成页面

系统组成(System Contents)页面中列出的是用户从资源库中添加到 Qsys 系统中的资源,包括桥、总线接口、嵌入式处理器、存储器接口、外围设备等。此外,用户可以在系统组成页面来描述各种资源的主从互联、基地址、中断等设置。

3) 添加元件到系统组成页面

(1) 在资源库中选中要添加的元件名。
(2) 双击元件名,或点击资源库下面的 Add…按钮。

对于可添加的资源元件,如果弹出选项设置对话框,设定完选项后点击 Finish 按钮就可将元件添加到系统组成页面;如果元件没有选项设置对话框,它会直接添加到系统组成页面中。

对于还没有安装的资源元件,就会出现一个对话框,它可链接到网上下载该资源元件或是从厂商获取。安装了元件后,用户就可以将它添加到用户所设计的系统中了。

与 SOPC Builder 不同,Qsys 系统中所添加的组件间连线需要用户自己进行连接。在系统组件页面中将鼠标移至 Connection 栏下,会自动显现出主从元件的互联示意图,用户只需在需要连接处点击空心圆圈自行进行连接即可。组件间连线有一个大致的原则,即:对于存储器类的外设,需要将其 slave 端口同嵌入式处理器(CPU)的 data_master 和 instruction_master 相连;对于非存储器类的外设,只需要连接到 CPU 的 data_master 就可以。任何一个元件都可以有一个或多个主或从的接口。如果主元件和从元件使用同一个总线协议,任何一个主元件都可以和任何一个从元件相连。如果使用的是不同的总线协议,用户可以通过使用一个桥接元件来把主从元件连接起来,例如可使用 AMBA-AHB-to-Avalon^{TM} 桥。

当两个或多个主设备共享同一个从设备时,Qsys 会自动插入一个仲裁逻辑来控制对从设备的访问。当对一个从设备有多个请求同时发生时,仲裁逻辑可以决定由哪个主设备来访问这个从设备。要查看仲裁优先权,可在 Qsys 的系统组成页面(System Contents)的对应元件上点击鼠标右键，在右键菜单中选中 Show Arbitration Shares。

2．Qsys 相关选项设置页面

Qsys 系统选项是指在创建和生成 Qsys 系统中需要设置的相关选项，与 Qsys 主界面中的页面标签相对应，它们分别是 System Contents、Address Map、Project Settings。也可在 Qsys 主界面的 View 菜单中选择相关选项，如选择菜单项 View→Parameters 将显示 System Contents 页面中所选中元件的 Parameters 标签页。

1) System Contents 页面

System Contents 页面是 Qsys 的默认页面，显示用户自定义的系统元件构成，详细给出系统构成的各元件名称、连接情况、描述、基地址、时钟和中断优先级分配等情况，如图 2.1 所示。

2) Address Map 设置页面

Address Map 标签页用来设置系统元件在内存映射中的地址，从而确保与其他部分的映射一致。如果该标签页中有红色标记则表示地址出现重叠错误，可双击地址进行修改，如图 2.2 所示则为修改后正确的地址映射。该页面一般情况下无需手动设置，当 System Contents 中所有元件都添加并连接好后，可选择 Qsys 中的菜单项 System→Assign Base Addresses 自动完成。

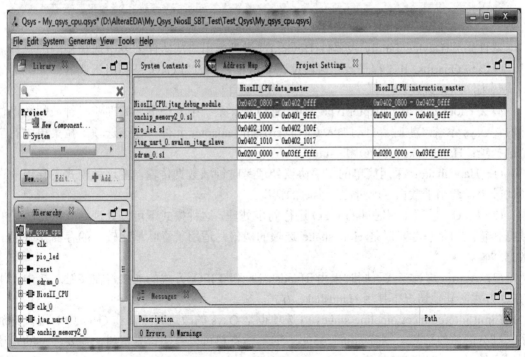

图 2.2　Address Map 标签页

3) Project Settings 设置页面

Project Settings 选项用来设置一些系统参数，包括器件系列(Device family)的选择、Clock crossing adapter type(跨时钟域适配器类型)的设置、Limit interconnect pipeline stages to(限制互联流水线阶数)的设置和产生系统 ID 的设置，如图 2.3 所示。

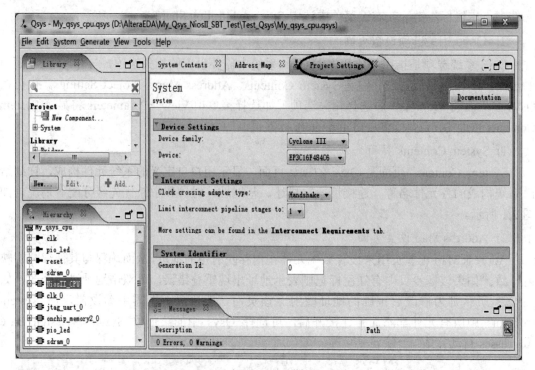

图 2.3　Project Settings 标签页

器件系列(Device family)及器件(Device)选择是由用户从器件列表中选择相应的目标器件，应该与 Quartus Ⅱ 工程一致。这项设置非常重要，因为 Qsys 是利用所选器件系列的结构优势来产生系统逻辑的。

有关 Clock crossing adapter type 选项，在 Qsys 系统中，当需要处理跨时钟域的数据传输时，Qsys 系统产生时会自动加入 Clock crossing adapter 元件。在该选项下拉菜单中有三个选择项：Handshake、FIFO 和 Auto。

(1) Handshake：采用简单的握手协议处理跨时钟域数据传输，在这种模式下耗用的资源比较少，适用于数据吞吐量比较少时的情况。

(2) FIFO：采用了双时钟的 FIFO 进行同步处理，这种模式下可以处理吞吐量比较大的数据传输，但是总体延时是 Handshake 选项的两倍，适用于吞吐量比较大的存储器映射的数据传输。

(3) Auto：这种模式下同时采用 Handshake 和 FIFO 方式的连接，在突发连接中使用 FIFO 方式，其他情况下使用 Handshake 方式。

Limit interconnect pipeline stages to 选项也是 Qsys 的改进之一，在 Qsys 中对用户开放了一部分的总线信息。关于 Interconnect 的具体资料可以查阅官方资料，需要注意的是该互联只针对 Avalon-MM 接口。

Generation Id 的设置是指在 Qsys 系统生成之前赋给时间标签一个唯一的整数值，用于检查软件的兼容性。

3. Generate→HDL Example 菜单项

Qsys 界面的 Generate→HDL Example 菜单项用 Verilog 或 VHDL 给出系统的顶级 HDL

定义，同时给出系统组件的 HDL 声明。如果该 Qsys 系统不是 Quartus II 工程中的顶层模块，则可以将 HDL Example 复制或粘贴到实例化本 Qsys 系统的顶层 HDL 文件中。

4．Generate→Generate 菜单项

Qsys 界面的 Generate→Generate 菜单项是用来生成用户定制 Qsys 系统模块的。如图 2.4 所示，它包含一些选项，用户可以通过设置来控制生成过程，比如仿真模式控制、综合控制和输出路径的相关设置等。

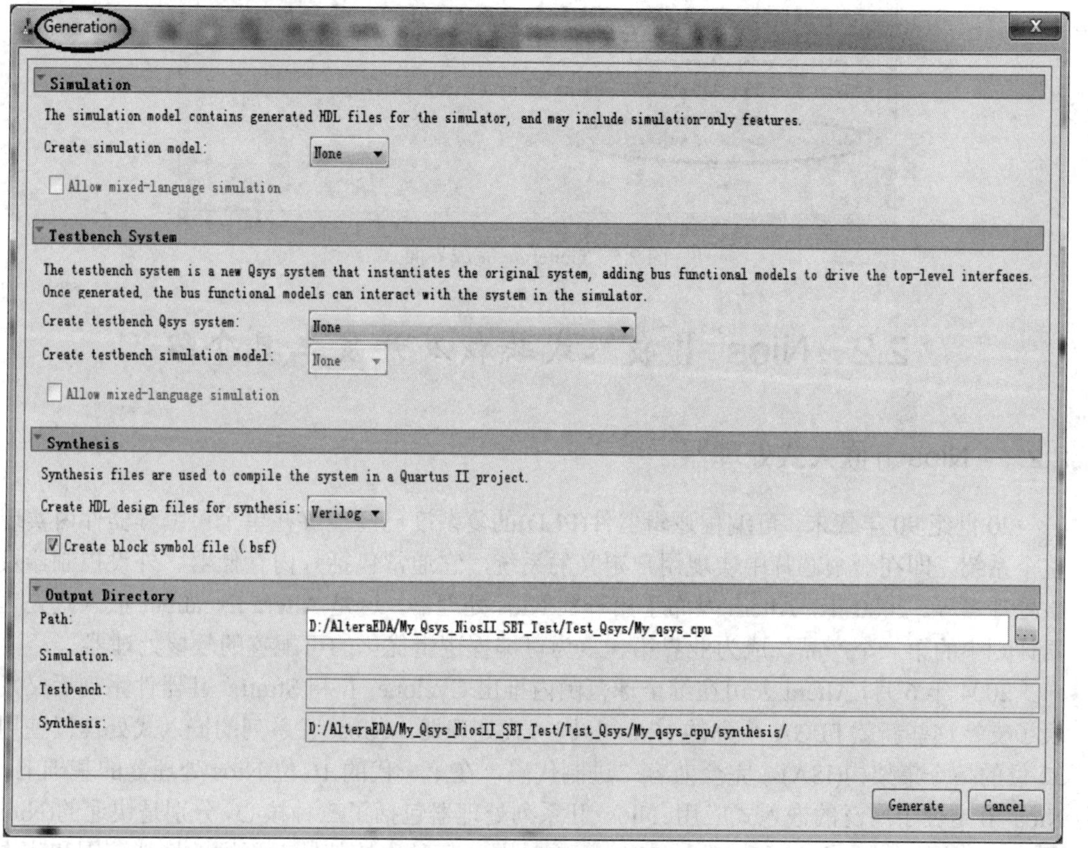

图 2.4　Generate 设置界面

仿真模式(Simulation)控制包括创建仿真模型(Create Simulation model)、创建 Qsys 系统测试(Create testbench Qsys system)脚本以及创建仿真模型测试(Create testbench simulation model)脚本的有关选择。

综合控制(Synthesis)包括是否创建 Qsys 生成系统的 HDL 文件以及是否生成原理图符号文件。

输出路径(Path)设置则是指定生成系统相关文件及仿真、综合后相关文件的输出路径(通常采用默认设置)。

以上相关选项设置后，用户就可以点击界面右下角的 Generate 按钮来生成所定制的 Qsys 系统模块。点击 Generate 按钮后，根据提示保存该 Qsys 定制文件。

在生成进行的过程中，Qsys 会在系统生成过程信息栏中显示一些消息。当系统生成完成后，Qsys 会显示信息"Generate: completed successfully."，如图 2.5 所示。

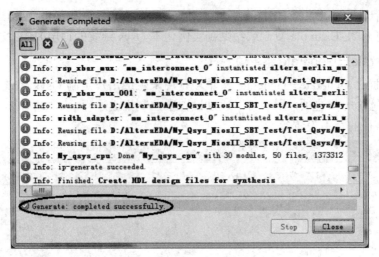

图 2.5　Generate 完成界面

2.2　Nios II 嵌入式软核及开发工具介绍

2.2.1　Nios II 嵌入式处理器

20 世纪 90 年代末，可编程逻辑器件(PLD)的复杂度已经能够在单个可编程器件内实现整个系统，即在一个芯片中实现用户定义的系统，它通常包括片内存储器、外设控制器及微处理器等。2000 年，Altera 发布了第一代 Nios 处理器，这是 Altera Excalibur 嵌入式处理器计划中的第一个产品，成为业界第一款为可编程逻辑优化的可配置的软核处理器。

2004 年 6 月，Altera 公司在继全球范围内推出 Cyclone II 和 Stratix II 器件系列后又发表了支持这些新款 FPGA 系列的 Nios II 嵌入式处理器。Nios II 系列的嵌入式处理器使用 32 位的指令集架构(ISA)，完全兼容二进制代码，在第一代的 16 位 Nios 处理器的基础上，Nios II 定位于广泛的嵌入式应用。Nios II 系列处理器包括了三种核心，分别是快速的(Nios II/f)、经济的(Nios II/e)和标准的(Nios II/s)内核，每种内核都针对不同的性能范围和成本而优化。这三种内核都可以使用 Altera 的 Quartus II 软件和 SOPC Builder 或 Qsys 工具以及 Nios II 集成开发环境(IDE)进行定制、编辑和编译，用户可以轻松地将 Nios II 处理器嵌入到工程系统中。

2.2.2　Nios II 嵌入式处理器软硬件开发流程

Altera 新版本的 Nios II 逐渐开始转向 Nios II Software Build Tools for Eclipse。Nios II 使用 Eclipse 集成开发环境来完成整个软件工程的编辑、编译、调试和下载，极大地提高了软件开发效率，如图 2.6 所示为创建一个 Nios II 系统并将其下载到 Nios II 开发板上的全部开发流程。图中包括了创建一个工作系统的软硬件的各项设计任务。在流程图中指示出了硬件和软件设计流程的交会点，了解软件和硬件之间的相互关系，这一点对于完成一个完整的工作系统是非常重要的。

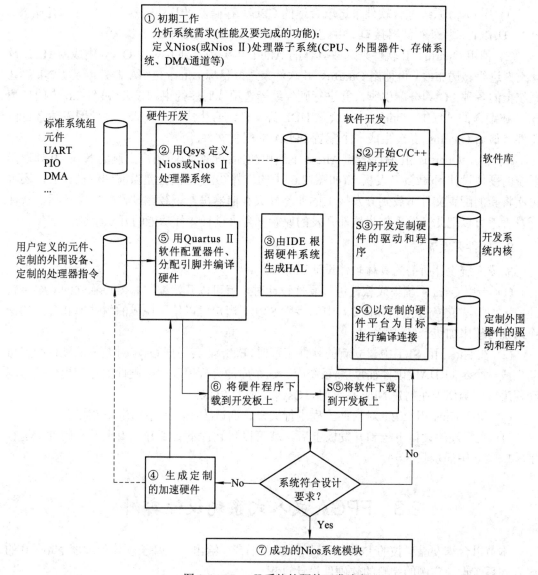

图 2.6　Nios Ⅱ 系统软硬件开发流程

开发流程图从"初期工作"开始(图 2.6 中的步骤①)，这些工作需要软硬件工作人员的共同参与，它包括了对系统需求的分析，如：

- 对所设计的系统运行性能有什么要求？
- 系统要处理的带宽有多大？

基于对这些问题的回答，用户可以确定具体的系统的需求，如：

- CPU 是否需要一个硬件加速乘法器？
- 设计中所需要的外围器件及其数量。
- 是否需要 DMA 通道来释放 CPU 在进行数据拷贝时所占用的资源？

1. 硬件开发流程

完成系统设计所需的具体硬件设计工作如下：

(1) 用 Qsys 系统综合软件来选取合适的 CPU、存储器以及外围器件，如片内存储器、PIO、UART 和片外存储器接口，并定制它们的功能(如图 2.6 中的步骤②)。

(2) 使用 Quartus Ⅱ 软件来选取具体的 Altera 可编程器件并对由 Qsys 生成的 HDL 设计文件进行布局布线。再使用 Quartus Ⅱ 软件来选取目标 Altera FPGA 器件以及对 Nios Ⅱ 系统上的各种 I/O 口分配引脚，并进行硬件编译选项或时序约束的设置(如图 2.6 中的步骤⑤)。在编译的过程中，Quartus Ⅱ 会从 HDL 源文件综合生成一个网表，并使网表适合目标器件，最后 Quartus Ⅱ 会生成一个配置 FPGA 的配置文件。

(3) 使用 Quartus Ⅱ 编程器和 Altera 下载电缆，将配置文件(用户定制的 Nios Ⅱ 处理器系统的硬件设计)下载到开发板上(如图 2.6 中的步骤⑥)。当校验完当前硬件设计后，还可再次将新的配置文件下载到开发板上的非易性失存储器里。下载完硬件配置文件后，软件开发者就可以把此开发板作为软件开发的原始平台来进行软件功能的开发验证。

2．软件开发流程

完成系统设计所需的具体软件设计工作如下：

(1) 当用 Qsys 系统集成软件进行硬件设计时，就可以开始编写和器件独立的 C/C++软件，比如算法或控制程序(如图 2.6 中的步骤 S②)。用户可以使用现成的软件库和开放的操作系统内核来加快开发进程。

(2) 在 Nios Ⅱ SBT 中建立新的软件工程时，Eclipse 会根据 Qsys 对系统的硬件配置自动生成一个定制 HAL(硬件抽象层)系统库。这个库能为程序和底层硬件的通信提供接口驱动程序，它类似于在创建 Nios 系统时，Qsys 生成的 SDK。

(3) 使用 Nios Ⅱ SBT 对软件工程进行编译、调试(如图 2.6 中的步骤 S④)。

(4) 在将硬件设计下载到开发板上后，就可以将软件下载到开发板上并在硬件上运行了(如图 2.6 中的步骤 S⑤)。

2.3 FPGA 嵌入式系统设计实例

本节以台湾友晶科技的 DE0 开发板为硬件平台，给出一个基于软核处理器 Nios Ⅱ 的嵌入式系统设计实例的完整的软硬件设计过程。

2.3.1 实例系统软硬件需求分析与设计规划

1．系统要实现的功能

(1) Nios Ⅱ 软核接收 DE0 开发板上的两个拨动开关 SW1 和 SW0 的输入状态。

(2) 通过 SW1 和 SW0 的状态(共有"00"、"01"、"10"和"11"四种状态)，Nios Ⅱ 软核处理器对 1.3.5 节中给出的 DDS 设计实例进行输出频率控制。

(3) DE0 开发板上的 10 个 LED(LEDG9~LEDG0)进行流水显示，状态自己定义。

(4) DE0 开发板上的四个七段显示(HEX3~HEX0)同步循环显示 0~F 字符。

2．Qsys 硬件系统组成规划

根据系统要实现的基本功能，该系统设计实例的设计框图如图 2.7 所示。

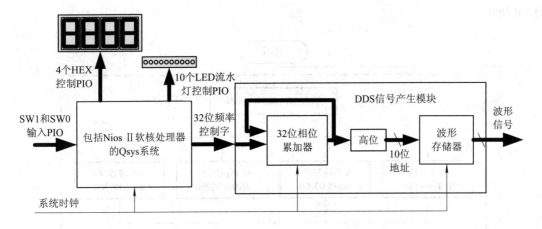

图 2.7 设计实例基本设计框图

根据要求,需要用到的开发板上的外围资源有:

(1) 波动开关:SW1、SW0;
(2) 存储器:使用片上存储器(On-Chip Memory)存储软硬件程序。

根据所用到的外设和器件特性,在 Qsys 中建立系统要添加的资源模块有:

(1) Nios II 32-bit CPU;
(2) JTAG UART 下载调试接口;
(3) On-Chip Memory;
(4) 定时器 TIMER;
(5) 2 位 PIO(并行 I/O),作为拨动开关输入接口(图 2.7 中输出频率控制接口);
(6) 32 位 PIO(并行 I/O),作为 DDS 的 32 位频率控制字控制接口;
(7) 10 位 PIO(并行 I/O),作为 DE0 开发板上 10 个 LED 流水灯的输出控制;
(8) 4 个 8 位 PIO(并行 I/O),作为 DE0 开发板上 4 个 HEX 数码管的输出控制。

3. Nios II 软件系统规划

要实现系统所需的功能,需要对嵌入式软核处理器 Nios II 的软件设计进行规划。

(1) SW1 和 SW0 输入状态的判断(变量 switch_num)。

DDS 的 32 位频率控制字(变量 FreqCtrl)与 SW1 和 SW0 状态的对应关系如表 2.1 所示。读者可以通过 DDS 输出频率计算公式计算出实际输出信号的频率,此处不再赘述。

表 2.1 DDS 频率控制字 FreqCtrl 赋值和拨动开关状态 switch_num 对应关系表

SW1 和 SW0 状态 switch_num 值(十进制表示)	DDS 的 32 位频率控制字 FreqCtrl 赋值(十六进制表示)
0	0x00400000
1	0x00800000
2	0x01000000
3	0x02000000

(2) 程序流程图。根据对系统软件功能的分析,画出 Nios II 程序软件控制流程图,如

图 2.8 所示。

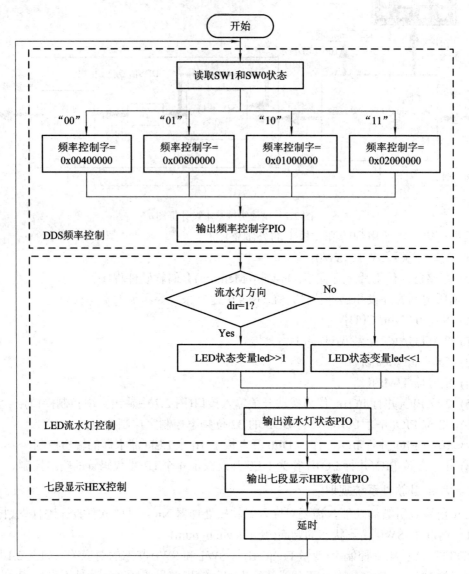

图 2.8 Nios Ⅱ 程序软件控制流程

2.3.2 实例系统硬件部分设计

可以直接打开 1.3.5 节中所描述的 DDS 设计实例，在该设计工程的基础上按照下面的步骤操作。

1. 打开 Quartus Ⅱ 工程(或按照第 1 章的操作重新建立工程)

在 Quartus Ⅱ 软件中，打开 1.3.5 节的 DDS 设计工程。根据所用开发板类型选择相应器件，本例所用的是台湾友晶科技的 DE0 开发板，开发板上的 FPGA 器件为 Cyclone Ⅲ 系列 EP3C16F484C6 芯片。在 Quartus Ⅱ 中选择该芯片，如图 2.9 所示。

第 2 章 基于 FPGA 的嵌入式开发工具

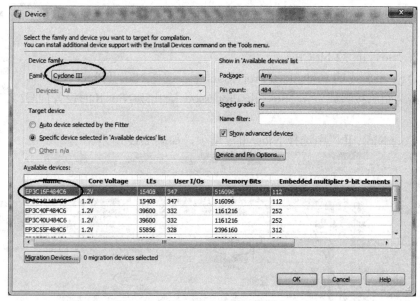

图 2.9 在 Quartus II 工程中选择目标板上的 FPGA 芯片

2. 创建 Qsys 系统模块

1) 启动 Qsys

① 在 Quartus II 中选择菜单项 Tools→Qsys，或者直接点击工具栏中 Qsys 的图标，弹出如图 2.10 所示 Qsys 界面。

② 在 Qsys 界面中双击 System Contents 中的 clk_0 名称，或选择 Qsys 菜单项 View→Clocks，进行时钟频率设置，这里设为默认值，即 50 MHz，如图 2.10 所示。

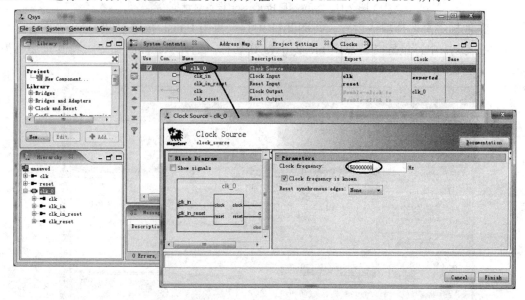

图 2.10 进入 Qsys 的界面

2) 添加 Nios II 处理器和外围器件

根据 2.3.1 节中所分析的资源要求，从 Qsys 的资源库(Library)中选择以下元件加入到当前设计的 Qsys 系统中：Nios Ⅱ 32-bit CPU、JTAG UART、片上存储器(On-Chip Memory)、定时器、PIO。

(1) 添加 Nios Ⅱ 32-bit CPU。

① 在 Qsys 资源库的 Embedded Processors 下，选择 NiosⅡProcessor。

② 点击 Add…按钮或双击 Nios Ⅱ Processor，会出现 NiosⅡ的设置向导(名为 nios Ⅱ-qsys_0)。

③ 在 Core Nios Ⅱ栏中选择 Nios Ⅱ/s 选项，如图 2.11 所示。

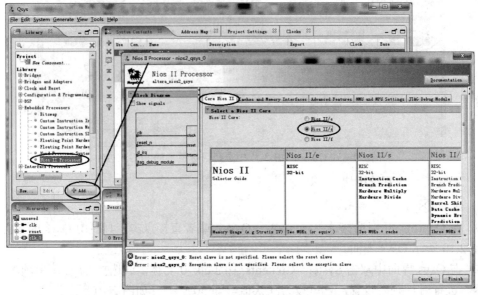

图 2.11 Nios Ⅱ Processor 设置对话框

④ 其他标签页选择默认设置，在图 2.11 中直接点击 Finish 按钮返回 Qsys 界面。

⑤ 在 Qsys 中，鼠标右键点击 nios2_qsys_0 名称，选择 Rename 命令，将其重命名为 cpu，如图 2.12 所示。

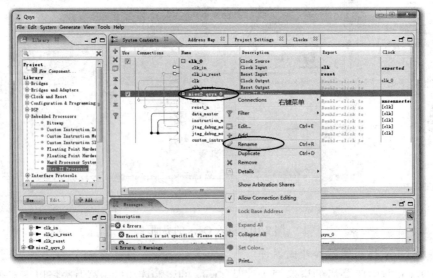

图 2.12 在 Qsys 中添加 cpu

⑥ 在 Connections 列中，将元件 cpu 的 clk 和 reset_n 分别与系统时钟 clk_0 的 clk 和 clk_reset 相连，如图 2.13 所示。

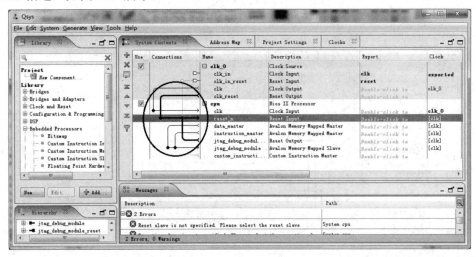

图 2.13　cpu 与 clk_0 的连线

注意，对元件命名时应遵循以下规则：
- 名字最前面应该使用英文。
- 能使用的字符只有英文字母、数字和下划线"_"。
- 不能连续使用下划线"_"符号，在名字的最后也不能使用下划线"_"。

(2) 添加 JTAG UART 接口。JTAG UART 是 NiosⅡ系统嵌入式处理器的接口元件，通过内嵌在 Altera FPGA 内部的 JTAG 电路，可实现在 PC 主机和 Qsys 系统之间进行串行通信。

① 在 Qsys 左侧的搜索栏中输入 jtag，选择 Interface Protocols→Serial→JTAG UART，双击或点击 Add...按钮，会出现 JTAG UART-jtag_uart_0 的设置向导，如图 2.14 所示。

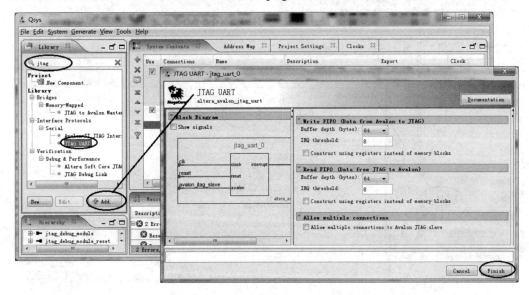

图 2.14　JTAG UART 设置向导

② 选择系统默认设置，直接点击 Finish 按钮，返回 Qsys 界面。
③ 在 Qsys 中将 jtag_uart_0 重命名为 jtag_uart。
④ 连接 clk、reset 以及 master-slave，如图 2.15 所示。

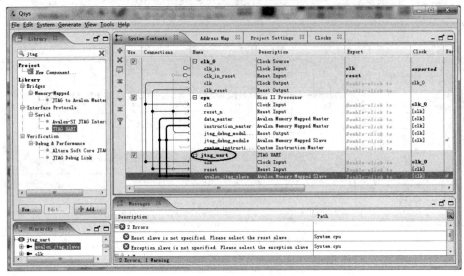

图 2.15　JTAG UART 连线

(3) 添加定时器。

定时器 Timer 对于 HAL(Hardware Abstraction Layer)系统库中器件驱动非常有用，比如，JTAG UART 驱动使用定时器来实现 10 秒钟的暂停。添加定时器的步骤如下：

① 在 Qsys 左侧的搜索栏中输入 timer，选择 Peripherals→Microcontroller Peripherals→Interval Timer，双击鼠标左键或点击 Add...按钮，会出现 Interval Timer-timer_0 的设置向导，如图 2.16 所示。

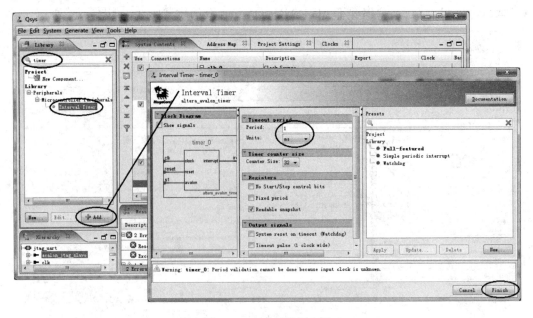

图 2.16　定时器设置向导

② 在设置向导的 Timeout period 选项中选择 1 ms，其他选项保持默认设置。
③ 点击 Finish 按钮，返回 Qsys 界面。
④ 将 timer_0 重命名为 system_timer。
⑤ 连接 clk、reset 和 s1，如图 2.17 所示。

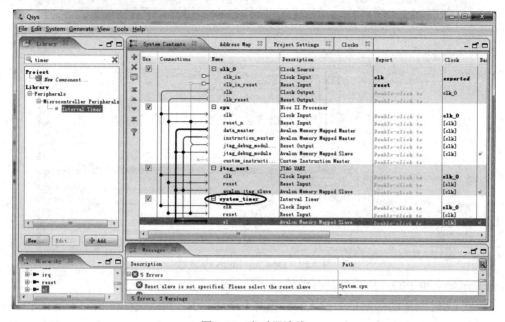

图 2.17 定时器连线

(4) 添加片上存储器 On-Chip Memory。

① 在 Qsys 左侧的搜索栏中输入 on-chip，选择 Memories and Memory Controllers→On-Chip→On-Chip Memory(RAM or ROM)，双击鼠标左键或点击 Add...按钮，会出现 On-Chip Memory(RAM or ROM)-onchip_memory2_0 的设置向导，如图 2.18 所示。

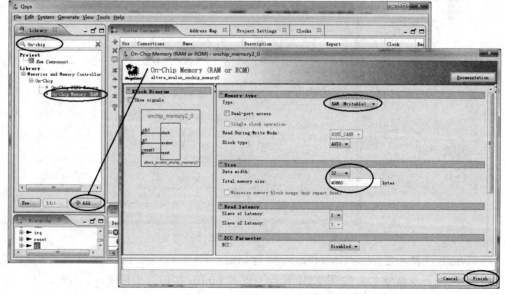

图 2.18 On-Chip Memory 设置向导

② Memory type 选择为 RAM，Total memory size 选择为 40960(40K)。
③ 点击 Finish 按钮，返回 Qsys 界面。
④ 连接 clk1、reset1 和 s1，如图 2.19 所示。

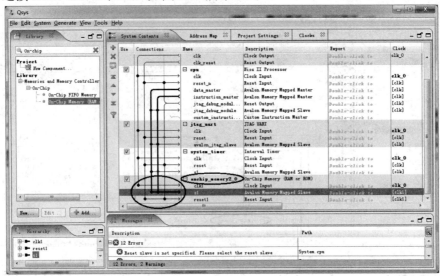

图 2.19　On-Chip Memory 连线

(5) 添加 2 位 PIO，作为拨动开关输入。

① 在 Qsys 左侧的搜索栏中输入 pio，选择 Peripherals→Microcontroller Peripherals→PIO (Parallel I/O)，双击鼠标左键或点击 Add...按钮，会出现 PIO(Parallel I/O)-pio_0 的设置向导，如图 2.20 所示。

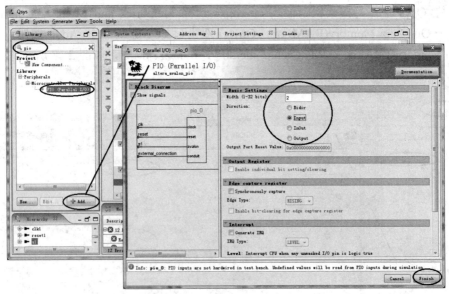

图 2.20　拨码开关 PIO 属性设置

② Width 选择为 2 bits，Direction 选择为 Input。
④ 其他设置保持默认，如图 2.20 所示。点击 Finish 按钮，返回 Qsys 界面。
⑤ 将 pio_0 重命名为 sw_pio。

⑥ 连接 clk、reset 和 s1，如图 2.21 所示。

⑦ 在 sw_pio 的 external_connection 行和 Export 列交叉处双击鼠标左键，并修改名称为 sw_pio_export，此即连接 DE0 开发板上的两个拨动开关 SW1 和 SW0 的端口名称。

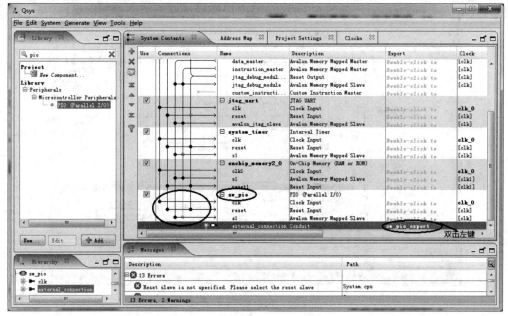

图 2.21　sw_pio 连线

(6) 添加 32 位 PIO，作为 DDS 的 32 位频率控制字接口。

添加 32 位 PIO，作为频率控制字输出接口的方法同前面添加拨动开关 PIO 的方法，不同的是：

① 出现 PIO(Parallel I/O)-pio_0 的设置向导后，确定以下选项：Width 选择为 32 bits，Direction 选择为 Output，Output Port Reset Value 设置为 0x00000000400000。

② 其他设置保持默认，如图 2.22 所示。点击 Finish 按钮，返回 Qsys 界面。

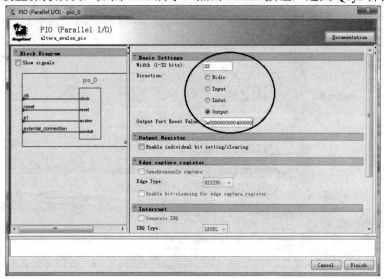

图 2.22　频率控制字 PIO 设置

③ 在 Qsys 中，将刚加入的 pio_0 重命名为 freq_ctrl_pio。

④ 连接 clk、reset 和 s1，如图 2.23 所示。

⑤ 在 freq_ctrl_pio 的 external_connection 行和 Export 列交叉处双击鼠标左键，并修改名称为 freq_ctrl_pio_export，此即与 DDS 信号产生模块连接的频率控制字接口信号名称。

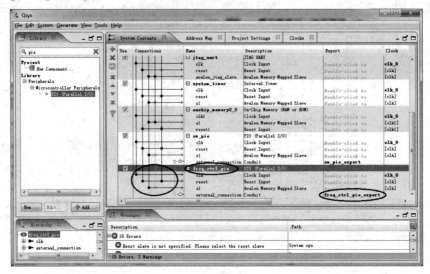

图 2.23　freq_ctrl_pio 连线

(7) 添加 10 位 PIO，作为 DE0 开发板上 10 个 LED 流水灯控制接口。方法同上，不同的是：

① 出现 PIO(Parallel I/O)-pio_0 的设置向导后，确定以下选项：Width 选择为 10 bits，Direction 选择为 Output。

② 其他设置保持默认。点击 Finish 按钮，返回 Qsys 界面。

③ 在 Qsys 中，将刚加入的 pio_0 重命名为 led_pio。

④ 连接 clk、reset 和 s1，如图 2.24 所示。

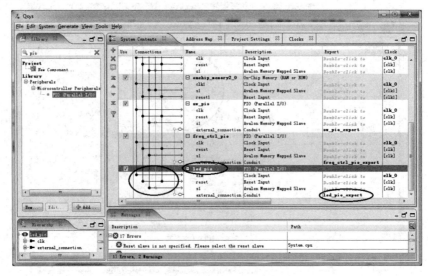

图 2.24　led_pio 连线

⑤ 在 led_pio 的 external_connection 行和 Export 列交叉处双击鼠标左键,并修改名称为 led_pio_export,此即与 DE0 开发板上 10 个 LED 流水灯相连的信号名称。

(8) 添加 4 个 8 位 PIO,作为 DE0 开发板上 4 个 HEX 数码管的输出控制接口。方法同上,不同的是:

① 出现 PIO(Parallel I/O)-pio_0 的设置向导后,确定以下选项:Width 选择为 8 bits,Direction 选择为 Output。

② 其他设置保持默认。点击 Finish 按钮,返回 Qsys 界面。

③ 在 Qsys 中,将刚加入的 pio_0 重命名为 seg_hex0_pio。

④ 连接 clk、reset 和 s1,如图 2.25 所示。

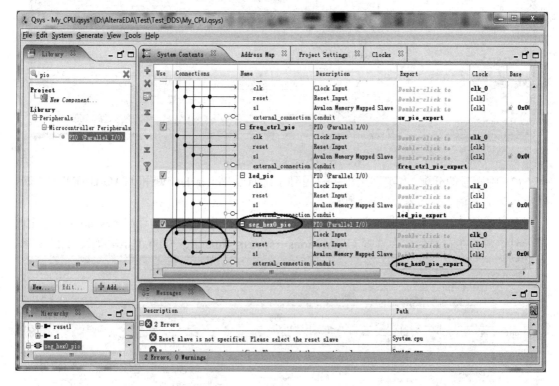

图 2.25 seg_hex0_pio 连线

⑤ 在 seg_hex0_pio 的 external_connection 行和 Export 列交叉处双击鼠标左键,并修改名称为 seg_hex0_pio_export,此即与 DE0 开发板上 HEX0 数码管相连的信号名称。

用同样的方法,分别添加 HEX1～HEX3 数码管的 8 位 PIO 控制信号,并分别命名为 seg_hex1_pio、seg_hex2_pio 和 seg_hex3_pio。

3) 指定元件基地址和分配中断号

(1) Qsys 会自动给所添加的系统模块分配默认的基地址。设计者可以更改 Qsys 分配给系统模块基地址的默认值。在 Qsys 中选择菜单项 System→Auto Assign Base Address。Auto Assign Base Address 可以使 Qsys 给其他没有锁定的地址重新分配地址,从而解决地址映射冲突问题。如图 2.26 所示,Address Map 标签页中显示了完整的系统配置及其地址映射。

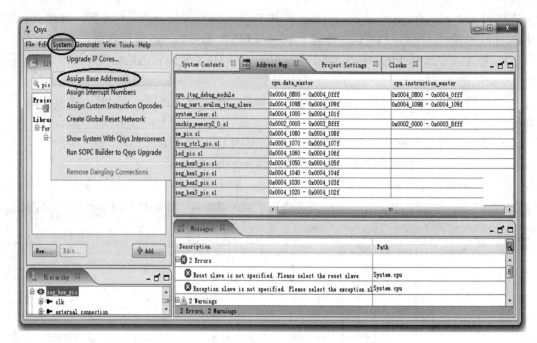

图 2.26　Qsys 系统中的地址映射

(2) 中断号的分配。本实例工程中只用到了定时器 Timer 的中断和 JTAG UART 的中断，这里可以将定时器中断优先级设为 6。

具体设置方法：先将定时器中断与 cpu 中断连接，用鼠标右键点击 system_timer 定时器元件名称，在右键菜单中选择 Connections→system_timer.irq→cpu.d_irq，如图 2.27 所示；

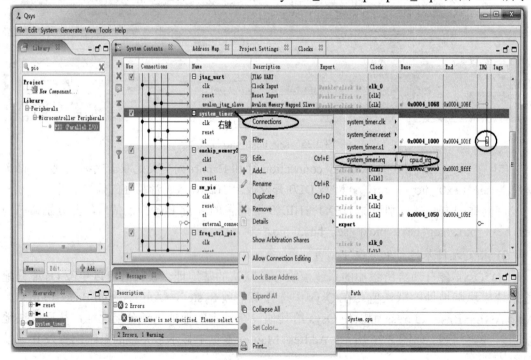

图 2.27　中断设置

然后在其后面自动生成的中断号"0"上双击鼠标左键,将其修改为"6"。同理,将 JTAG UART 的中断连接到 cpu.d_irq 上,中断号默认。Qsys 系统中如果有其他使用中断的元件,中断设置方法与此相同。

4) Nios Ⅱ处理器参数设置

在 Qsys 的 System Contents 标签页中,在添加的 Nios Ⅱ处理器(本例中名称为 cpu)上双击鼠标左键,弹出如图 2.28 所示的 Nios Ⅱ Processor 设置对话框,在该界面中设置 Reset Vector 和 Exception Vector。由于本例中 Nios Ⅱ的程序存储器和程序执行区均为片上 RAM,因此这里 Reset Vector 和 Exception Vector 均选择为片上存储器 onchip_memory2_0.s1。实际工程中可以根据需要将 Reset Vector 指定为系统中添加的 Flash 控制器;将 Exception Vector 指定为系统中添加的 SDRAM 控制器。点击 Finish 按钮,返回到 Qsys 界面,可以看到所有 Qsys 系统错误都消失了。

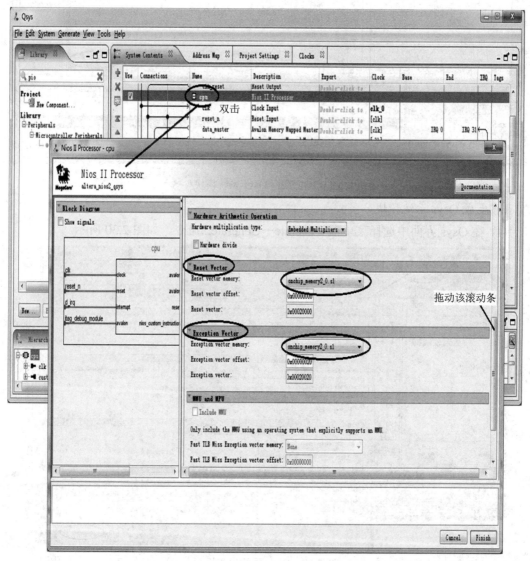

图 2.28 Qsys 系统中 Nios Ⅱ处理器参数设置

5) 保存定制的 Qsys 系统模块

在 Qsys 系统中选择菜单项 File→Save，在弹出的保存对话框中输入定制的 Qsys 模块名称，如本例为 My_CPU.qsys，点击"保存"按钮保存该 Qsys 模块，如图 2.29 所示。

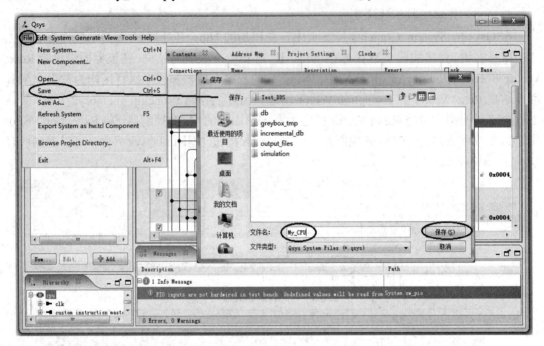

图 2.29　保存 Qsys 系统模块

6) 生成 Qsys 系统模块

(1) 在 Qsys 界面中选择菜单项 Generate→Generate...命令，如图 2.30 所示。

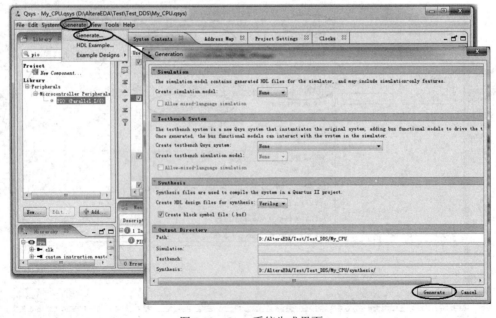

图 2.30　Qsys 系统生成界面

(2) 在 Generation 对话框中进行系统生成前的最后设置,该工程中均使用默认设置。

(3) 点击左下角的 Generate 按钮。Qsys 根据用户设定的选项不同,在生成的过程中执行的操作过程将有所不同。

(4) 系统成功产生后,可点击菜单项 File→Exit 退出 Qsys。

3. 在原理图(BDF)文件中添加 Qsys 生成的系统符号

在 Qsys 系统成功产生后会生成用户系统模块的元件符号(Symbol),可以像添加其他 Quartus Ⅱ 的元件符号一样将其添加到当前项目的原理图(BDF)文件中。本例中就可将生成的 My_CPU 系统符号添加到打开的 DDS 工程原理图文件中,步骤如下:

(1) 双击 BDF 文件窗口,出现 Symbol 对话框,如图 2.31 所示。

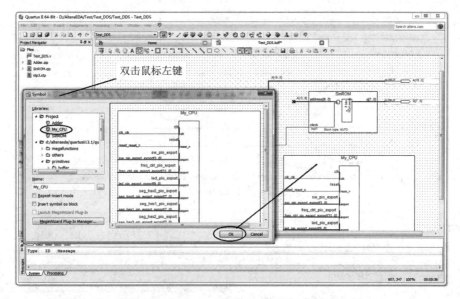

图 2.31　添加 Qsys 模块符号到原理图文件

(2) 在对话框中点击 Project 目录。

(3) 在 Project 下选择 My_CPU,会出现代表所建立的 Nios Ⅱ 系统的元件符号。

(4) 点击 OK 按钮,将其放入原理图文件中。

(5) 按照图 2.32 所示,连接 DDS 信号产生模块与 My_CPU 模块,并根据控制要求添加输入、输出端口。

(6) 在 Quartus Ⅱ 中选择菜单项 Processing→Start→Start Analysis & Synthesis 编译工程。

(7) 如果编译工程时出现错误,需要在工程中添加 Qsys 产生的 .qip 文件,步骤如下:

① 在 Quartus Ⅱ 软件的左侧工程导航 Project Navigator 中选择 Files 标签。

② 在 Files 上点击鼠标右键,选择 Add/Remove Files in Project…命令,如图 2.33 所示,弹出 Settings 对话框。

③ 在 Settings 对话框中,点击 File name 后面的 "…" 按钮,弹出 Select File 对话框。

④ 在 Select File 对话框中,进入 Quartus Ⅱ 工程目录下面的 Qsys 模块名目录,本例为 My_CPU 目录,然后进入其中的 synthesis 目录,如图 2.33 所示。

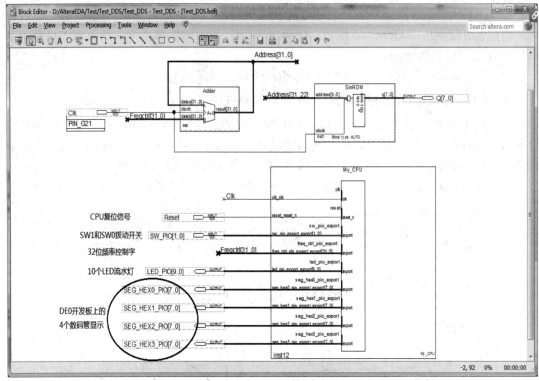

图 2.32　完整的原理图文件

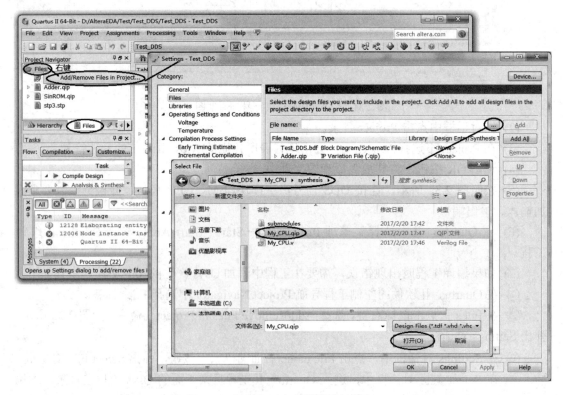

图 2.33　添加 .qip 文件到设计工程中

⑤ 选择 synthesis 目录中的 .qip 文件，如本例中的 My_CPU.qip 文件，点击"打开"按钮，返回到 Settings 对话框。

⑥ 点击 Settings 对话框中的 Add...按钮，将选中的 .qip 文件添加到工程文件中。

⑦ 点击 Settings 对话框下方的 OK 按钮返回 Quartus Ⅱ 界面，再重新选择菜单项 Processing→Start→Start Analysis & Synthesis 编译工程。

⑧ 按照表 2.2 分配引脚，完成系统的硬件设计。需要注意的是，DE0 开发板上的七段显示是共阳极的。

表 2.2 实例工程与 DE0 开发板引脚分配表

工程引脚名	DE0 板上名称	DE0 开发板对应 FPGA 引脚	工程引脚名	DE0 板上名称	DE0 开发板对应 FPGA 引脚
Clk	CLOCK_50	G21	SEG_HEX1_PIO[6]	HEX1_D[6]	A15
Reset	BUTTON2	F1	SEG_HEX1_PIO[5]	HEX1_D[5]	E14
SW_PIO[1]	SW1	H5	SEG_HEX1_PIO[4]	HEX1_D[4]	B14
SW_PIO[0]	SW0	J6	SEG_HEX1_PIO[3]	HEX1_D[3]	A14
LED_PIO[9]	LEDG9	B1	SEG_HEX1_PIO[2]	HEX1_D[2]	C13
LED_PIO[8]	LEDG8	B2	SEG_HEX1_PIO[1]	HEX1_D[1]	B13
LED_PIO[7]	LEDG7	C2	SEG_HEX1_PIO[0]	HEX1_D[0]	A13
LED_PIO[6]	LEDG6	C1	SEG_HEX2_PIO[7]	HEX2_DP	A18
LED_PIO[5]	LEDG5	E1	SEG_HEX2_PIO[6]	HEX2_D[6]	F14
LED_PIO[4]	LEDG4	F2	SEG_HEX2_PIO[5]	HEX2_D[5]	B17
LED_PIO[3]	LEDG3	H1	SEG_HEX2_PIO[4]	HEX2_D[4]	A17
LED_PIO[2]	LEDG2	J3	SEG_HEX2_PIO[3]	HEX2_D[3]	E15
LED_PIO[1]	LEDG1	J2	SEG_HEX2_PIO[2]	HEX2_D[2]	B16
LED_PIO[0]	LEDG0	J1	SEG_HEX2_PIO[1]	HEX2_D[1]	A16
SEG_HEX0_PIO[7]	HEX0_DP	D13	SEG_HEX2_PIO[0]	HEX2_D[0]	D15
SEG_HEX0_PIO[6]	HEX0_D[6]	F13	SEG_HEX3_PIO[7]	HEX3_DP	G16
SEG_HEX0_PIO[5]	HEX0_D[5]	F12	SEG_HEX3_PIO[6]	HEX3_D[6]	G15
SEG_HEX0_PIO[4]	HEX0_D[4]	G12	SEG_HEX3_PIO[5]	HEX3_D[5]	D19
SEG_HEX0_PIO[3]	HEX0_D[3]	H13	SEG_HEX3_PIO[4]	HEX3_D[4]	C19
SEG_HEX0_PIO[2]	HEX0_D[2]	H12	SEG_HEX3_PIO[3]	HEX3_D[3]	B19
SEG_HEX0_PIO[1]	HEX0_D[1]	F11	SEG_HEX3_PIO[2]	HEX3_D[2]	A19
SEG_HEX0_PIO[0]	HEX0_D[0]	E11	SEG_HEX3_PIO[1]	HEX3_D[1]	F15
SEG_HEX1_PIO[7]	HEX1_DP	B15	SEG_HEX3_PIO[0]	HEX3_D[0]	B18

4. 编译 Quartus Ⅱ的工程设计文件

选择菜单项 Processing→Start Compilation，对工程设计文件进行完全编译。

5. 配置 FPGA

通过 USB-Blaster 下载电缆连接好 DE0 开发板和电脑的 USB 接口，将 Quartus Ⅱ编译后产生的 FPGA 配置文件(*.sof)下载到目标板上。

2.3.3 实例系统 Nios Ⅱ嵌入式软件设计

在 Quartus Ⅱ中建立好系统硬件工程后，就可以启动 Nios Ⅱ SBT(Software Build Tools)进行嵌入式处理器的软件设计了。下面是完成本节实例系统的 Nios Ⅱ嵌入式软件设计的步骤。

1. 启动 Nios Ⅱ SBT 软件

在 Quartus Ⅱ工程下，选择菜单项 Tools→Nios Ⅱ Software Build Tools for Eclipse，启动 Nios Ⅱ SBT，如图 2.34 所示。

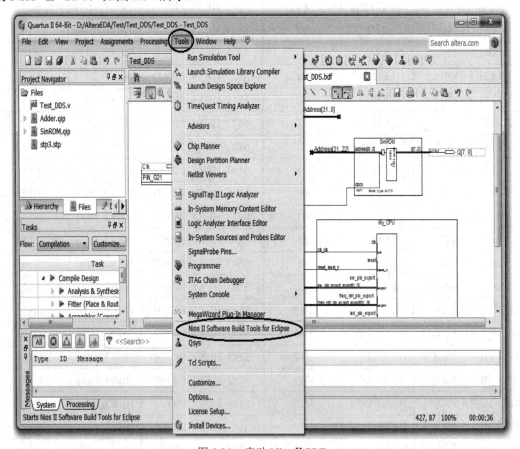

图 2.34　启动 Nios Ⅱ SBT

启动 Nios Ⅱ SBT 软件首先需要设置软件的工作空间(Workspace)目录，如图 2.35 所示，点击 Workspace 后面的 Browse...按钮，选择当前 Quartus Ⅱ工程所在目录，设置为本项目的软件工作空间。

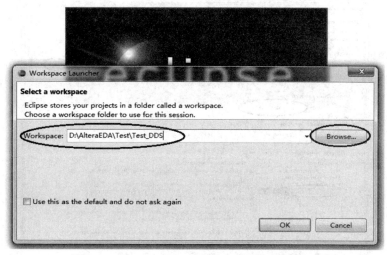

图 2.35　Nios Ⅱ SBT 软件的工作空间目录设置

设置好 Workspace 目录后，点击 OK 按钮进入 Nios Ⅱ-Eclipse 软件开发环境。

2．建立新的软件工程

(1) 选择 Nios Ⅱ-Eclipse 中的菜单项 File→New→Nios Ⅱ Application and BSP from Template，如图 2.36 所示。

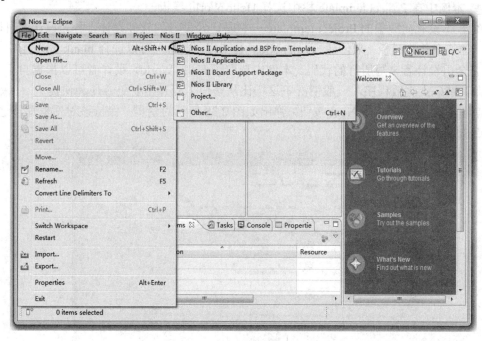

图 2.36　建立新的 Nios Ⅱ 工程

(2) 在弹出的对话框中确定以下选项(如图 2.37 所示)：

① SOPC Information File name：在该栏中选择对应的 Qsys 系统硬件配置信息文件(.sopcinfo)，以便将产生的硬件信息与软件应用相关联，这里尤其要注意选对路径，点击其后的"..."按钮选择当前 Quartus Ⅱ 项目工程目录中的 .sopcinfo 文件。

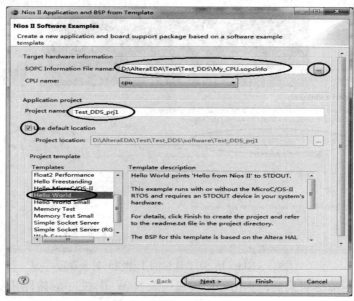

图 2.37　新建 C/C++ 工程(1)

② Project name：填入新建项目的名称，如本例名称为 Test_DDS_prj1。

③ 确定选中 Use Default location 复选框。

④ 本例中在 Project template 栏中选择 Hello World 模板。

图 2.37 设置向导中的 Project template 一栏是已经做好的软件设计工程，设计者可以选择其中的一个作为模板，来创建自己的 Nios Ⅱ 工程。当然也可以选择 blank project(空白工程)，完全由设计者来写所有的代码。本例中选取了 Hello World，设计者可以根据自己的需要，在其基础上更改程序，一般情况下这样比从空白工程开始要更方便和快捷。

在图 2.37 界面中点击 Next 按钮，弹出如图 2.38 所示对话框。保持该对话框默认选项，直接点击 Finish 按钮。

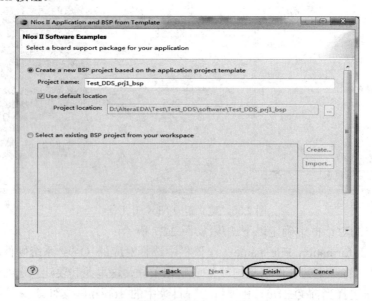

图 2.38　新建 C/C++ 工程(2)

(3) 点击 Finish 按钮后，新建的工程就会添加到工作区中，同时 Nios Ⅱ SBT 会创建一个系统库目录 *_bsp(如本例 Test_DDS_prj1 目录和 Test_DDS_prj1_bsp 目录)。

图 2.39 所示为创建工程后的 Nios Ⅱ SBT 工作界面。

Nios Ⅱ-Eclipse 中每个工作界面都包括一个或多个窗口，每个窗口都有其特定的功能。用户可以同时打开多个编辑器，但在同一时刻只能有一个编辑器处于激活状态。在工作界面上的主菜单和工具条上的各种操作只对处于激活状态的编辑器起作用。在编辑区中的各个标签上是当前被打开的文件名，带有"*"标志的标签表示这个编辑器中的内容还没有被保存。

如图 2.39 所示，用鼠标点开 Project Explorer 中的 Test_DDS_prj1 工程目录，并用鼠标左键双击打开 hello_world.c 文件，可以看到 hello_world.c 文件显示在编辑区中。

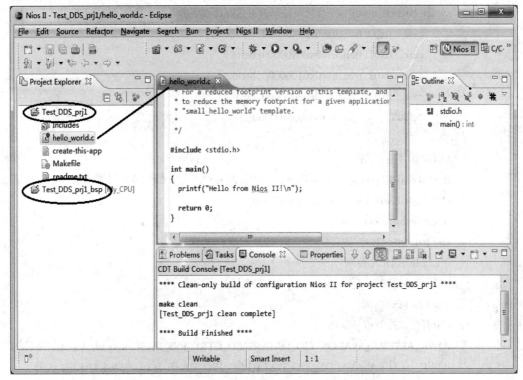

图 2.39　创建工程后的 Nios Ⅱ SBT 工作界面

根据本实例功能要求，参考 2.3.1 节中的软件规划与程序流程图，修改 hello_world.c 文件，完成本例软件设计。

修改后的 hello_world.c 程序代码如下：

```
#include <stdio.h>            //标准输入、输出函数库
#include "system.h"           //Qsys 定制系统的 HAL 库
#include "altera_avalon_pio_regs.h"   //Qsys 的 PIO 相关操作函数库
#include "unistd.h"           //usleep( )延时函数库


int main( )
{//main 函数开始
```

```c
    unsigned char switch_num=0x00;      //SW1/SW0 状态变量
    unsigned int freqctrl=0x00400000;   //DDS 的频率控制字默认值
    unsigned int dir=0x00, led=0x01;    //流水灯方向及状态
    unsigned char seg_hex=0x00;         //七段显示标记
    unsigned char hex[16]={0xc0, 0xf9, 0xa4, 0xb0, 0x99, 0x92, 0x82, 0xf8, 0x80,
                0x90, 0x88, 0x83, 0xa7, 0xa1, 0x86, 0x8e}; //七段显示的输出字段控制
printf("Hello from Nios Ⅱ !\n");        //打印输出
while (1){//while 循环开始
    //DDS 输出频率控制
    switch_num=IORD_ALTERA_AVALON_PIO_DATA(SW_PIO_BASE); //读取拨动开关状态
    switch (switch_num){    //判断波动开关 SW1、SW0 状态，赋值 freqctrl 变量
        case  0x00: freqctrl=0x00400000; break;
        case  0x01: freqctrl=0x00800000; break;
        case  0x02: freqctrl=0x01000000; break;
        case  0x03: freqctrl=0x02000000; break;
        default:    freqctrl=0x00400000;
    }
    //LED 流水灯控制
    if ((led & 0x01)==0x01) dir = 0x00;     //根据 led 中"1"的位置，设置流水灯方向变量 dir
    else if ((led & 0x200)==0x200) dir = 0x01;
    if (dir) led=led>>1;    //左移
    else led=led<<1;        //右移
    //七段显示 HEX 控制
    if (seg_hex<15) seg_hex++;      //设置七段显示标记
    else seg_hex=0x00;
    //所有接口控制信号输出
    IOWR_ALTERA_AVALON_PIO_DATA(FREQ_CTRL_PIO_BASE, freqctrl); //输出频率控制字
    IOWR_ALTERA_AVALON_PIO_DATA(LED_PIO_BASE, led);   //流水灯 LED 状态
    //七段显示输出
    IOWR_ALTERA_AVALON_PIO_DATA(SEG_HEX0_PIO_BASE, hex[seg_hex]);
    IOWR_ALTERA_AVALON_PIO_DATA(SEG_HEX1_PIO_BASE, hex[seg_hex]);
    IOWR_ALTERA_AVALON_PIO_DATA(SEG_HEX2_PIO_BASE, hex[seg_hex]);
    IOWR_ALTERA_AVALON_PIO_DATA(SEG_HEX3_PIO_BASE, hex[seg_hex]);
    usleep(1000000);    //1000000 μs 延时
}//while 循环结束
    return 0;
}//main 函数结束
```

hello_world.c 程序头文件修改说明：

① system.h 头文件中包含了 Qsys 中定制的元件相关信息，如程序中对外设读/写操作

所需要的基地址信息。

② altera_avalon_pio_regs.h 头文件中包括对 PIO 的控制函数，如下面对 PIO 接口的读/写函数：

IORD_ALTERA_AVALON_PIO_DATA(base);   //base 为 PIO 的基地址，在 system.h 中
IOWR_ALTERA_AVALON_PIO_DATA(base, data);   //data 为向 PIO 写的数据

③ unistd.h 头文件中包含了 usleep( )延时函数。

3．编译工程

在 Nios Ⅱ-Eclipse 软件左侧的 Project Explorer 中用鼠标右键点击工程名，如本例中 Test_DDS_prj1，在弹出的快捷菜单中选择 Build Project 命令，如图 2.40 所示。在编译开始后，NiosⅡ-Eclipse 会首先编译系统库工程以及其他相关的工程，然后再编译主工程，并把源代码编译到<工程文件名>.elf 文件中。编译过程中会在主界面的信息栏 Console 页中显示过程信息，以及警告和错误信息等。如果编译出现错误，根据错误信息提示改正程序或项目设置错误，重新编译，直到成功为止。

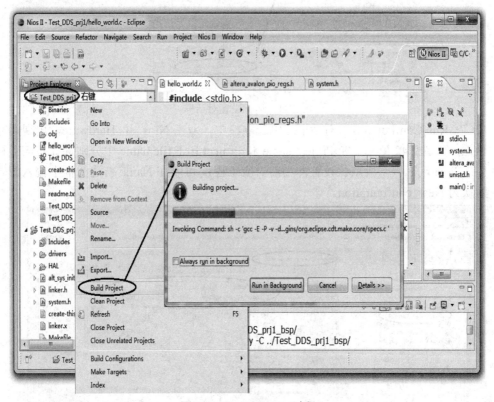

图 2.40 Build Project 过程

4．运行程序

编译成功后，就可以在目标板上运行程序了。

(1) 在 Nios Ⅱ-Eclipse 主窗口工程名的右键菜单中选择 Run As→Run Configurations…项(或在主菜单中选择 Run→Run Configurations…项)，出现运行设置的对话框，如图 2.41 所示。

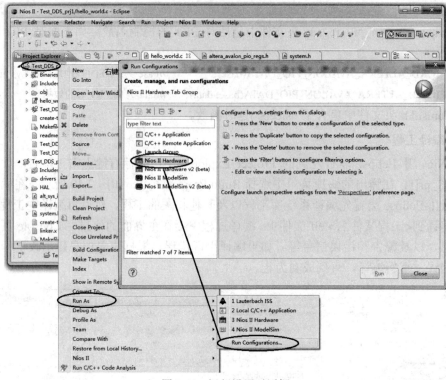

图 2.41 运行设置对话框

(2) 在 Run Configurations 对话框左侧选项栏中，双击 Nios Ⅱ Hardware，出现运行设置对话框，如图 2.42 所示，在 Project name 和 Project ELF file name 中分别选择对应工程和编译生成的 .elf 文件(一般默认设置即当前对应工程)。可以在 Name 右边的框中输入配置名称，默认为 New_configuration。

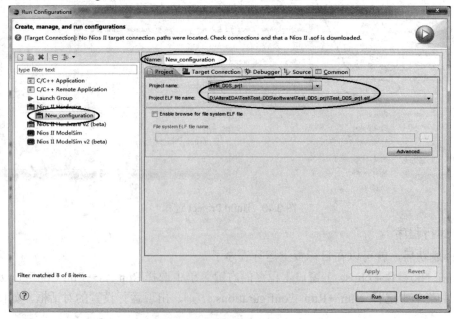

图 2.42 运行设置对话框(1)

(3) 在 Run Configurations 对话框中，点击 Target Connection 标签页，点击 Refresh Connections 按钮刷新 JTAG 连接，如图 2.43 所示。

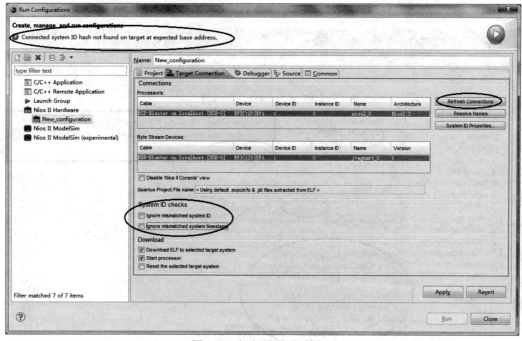

图 2.43　运行设置对话框(2)

若出现如图中上方所提示的"Connected system ID hash not found on target at expected base address."错误，可勾选 System ID checks 下 Ignore mismatched system ID 和 Ignore mismatched system timestamp 选项，此时错误提示即可消失，如图 2.44 所示。

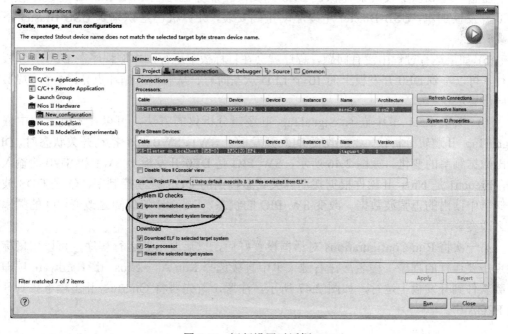

图 2.44　运行设置对话框(3)

(4) 设置好 Run Configurations 对话框后，先点击 Apply 按钮，然后点击 Run 按钮，就开始了程序下载、复位处理器和运行程序的过程，如图 2.45 所示。正确运行后，本例程序会在 Nios Ⅱ Console 信息标签页中打印输出"Hello from Nios Ⅱ！"。

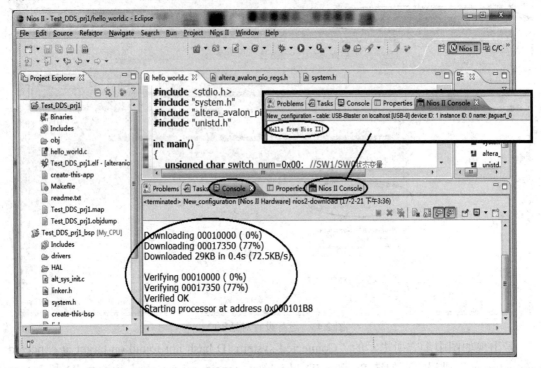

图 2.45　程序下载过程

注意：完成以上设置前需保证 DE0 开发板和计算机通过 USB-Blaster 电缆连接好，DE0 开发板加电，USB-Blaster 电缆驱动正确安装，计算机已经识别到 USB-Blaster 下载电缆！

(5) 如果运行过程中没有问题，程序就会在目标板上运行，本例程序在 DE0 开发板上执行，可以看到 DE0 开发板上的 10 个 LED 从左向右、从右向左循环点亮；4 个七段数码管同步显示 0~F。

(6) 参考 1.5.1 节中嵌入 SignalTap Ⅱ 逻辑分析仪的方法，可以在本例工程中嵌入 SignalTap Ⅱ 逻辑分析仪，观察改变 DE0 开发板上 SW1、SW0 两个拨动开关状态时，DDS 输出数据频率的变化。如图 2.46 所示，SW_PIO 是 DE0 开发板上 SW1 和 SW0 的输入状态，Freqctrl 是 Nios Ⅱ 软件根据拨动开关状态输出的 DDS 频率控制字，Q 是 DDS 波形存储器中读出的正弦波数据。改变 SW_PIO 的状态，Freqctrl 的值随之改变，Q 的频率也随之改变。

第一次将 Run Configurations 对话框设置好后，以后要重新运行程序，可以用鼠标右键点击要运行的程序工程名，在右键菜单中直接选择 Run As→Nios Ⅱ Hardware 项即可下载软件到开发板上运行，如图 2.47 所示。注意，首先要将 Quartus Ⅱ 工程下载到开发板 FPGA 中。

第 2 章 基于 FPGA 的嵌入式开发工具 —111—

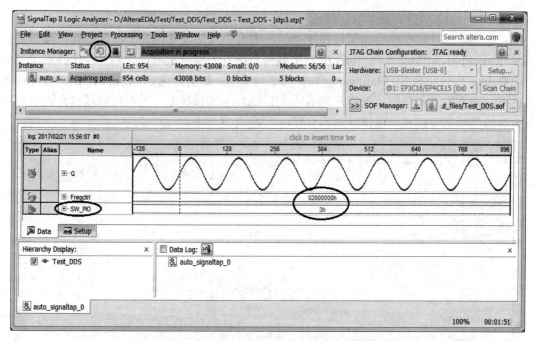

图 2.46 嵌入 SignalTap II 观测 DDS 输出正弦波数据变化

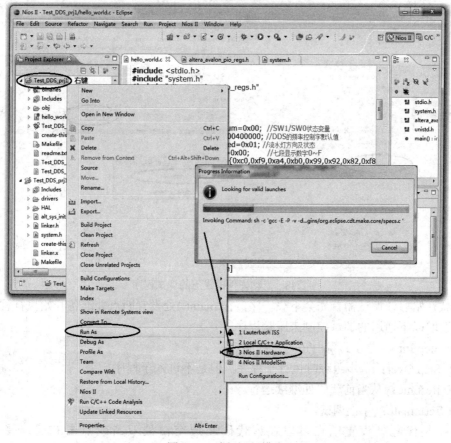

图 2.47 选择运行模式

5. 调试程序

启动软件调试程序和启动运行程序类似。本例中选用硬件模式下的调试软件程序，在 Nios Ⅱ-Eclipse 的 Project Explorer 中，用鼠标右键点击要调试的项目名称，选择右键菜单中的 Debug As→Nios Ⅱ Hardware 项，如图 2.48 所示。如果出现 Confirm Perspective Switch 对话框，则点击 Yes 按钮，就进入到 Nios Ⅱ Debug 调试界面，用户可以通过点击该界面右上角的按钮来转换显示调试界面和 C/C++ 程序开发界面。

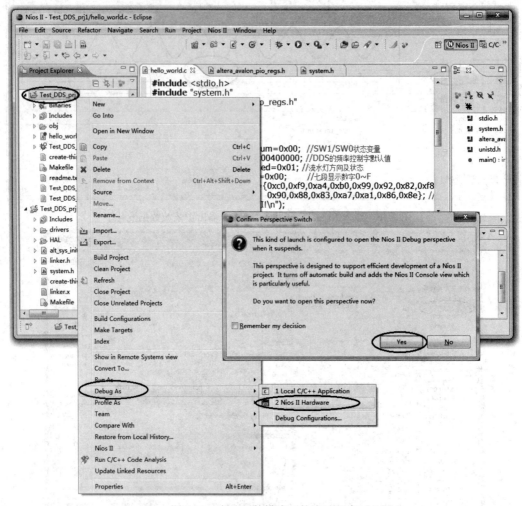

图 2.48 启动硬件模式下的调试程序

调试开始后，调试器首先会下载程序，在 main( ) 处设置断点并准备开始执行程序。用户可以选取以下通用的调试控制来跟踪程序：

(1) Step Into：单步跟踪时进入子程序。
(2) Step Over：单步跟踪时执行子程序，但是不进入子程序。
(3) Resume：从当前代码处继续运行。
(4) Terminate：停止调试。

要在某代码处设置断点可以在该代码左边空白处双击或点击右键选择 Toggle Breakpoint。

Nios Ⅱ-Eclipse 还提供了多种调试浏览器，用户在调试的过程中，可以通过主菜单项 Window→Show View→Registers 等查看变量、表达式、寄存器和存储器等，如图 2.49 为查看寄存器。

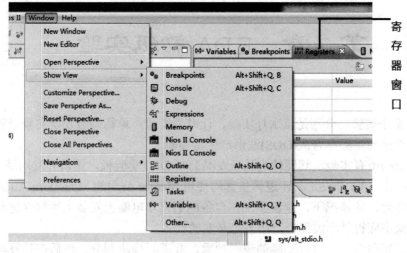

图 2.49 查看寄存器

6．将 Nios Ⅱ软件程序下载到开发板 Flash 中

如果需要将 Nios Ⅱ软件固化到开发板上的 Flash 或 EPCS 中，需要在 Qsys 系统中添加和 DE0 开发板上所用 Flash 对应的接口，或添加 EPCS Controller。由于本书内容主要对应的是 EDA 实验，要求完成板上在线调试即可，因此省略该部分内容，如果需要，读者可自行参考相关教材或资料，教师可以根据学生对主要内容的掌握情况添加该部分内容。

第 3 章　EDA 初级实验

本章包含 5 个实验，分别是流水灯实验、计时器实验、单稳态触发器实验、脉宽调制(PWM)实验、直接数字频率合成(DDS)波形产生器实验。

本书所开展的所有实验，其硬件均基于友晶公司 DE0 实验板，逻辑开发均基于 Altera 公司的 Quartus II 13.1 开发工具，逻辑仿真均使用 Mentor 公司的 ModelSim-Altera13.1 仿真工具。在条件允许的情况下，建议学生在自备的笔记本电脑上安装上述软件进行实验开发。同时，实验室应提供示波器、万用表等必要的设备。

实验的基本思路为：先进行功能的逻辑抽象，并进行模块划分，然后在计算机上使用逻辑开发工具编写逻辑，最后在使用逻辑仿真工具验证逻辑有效性的基础上，将逻辑下载到实验板中观察逻辑的实际运行情况，运行正确后，根据运行结果撰写实验报告、整理文档，对实验进行总结。

实验报告内容所包括的项目建议如下：
(1) 实验题目。
(2) 实验要求。
(3) 设计过程描述及基于 VerilogHDL/VHDL 的逻辑代码和逻辑设计框图。
(4) 逻辑仿真图，以及仿真结果。
(5) 实际下载结果，在实验中遇到的故障，以及故障是如何排除的。
(6) 所得实验结果的现象描述。

3.1　流水灯实验

3.1.1　实验要求

1. 基本要求

设计 FPGA 逻辑，以 1 Hz 的频率，如图 3.1 所示(白色代表未点亮，绿色代表点亮)，点亮 DE0 实验板上的发光二极管 LED0～LED9。

2. 扩展要求

(1) 设计 FPGA 逻辑，以其他频率实现"基本要求"中的发光二极管显示样式。
(2) 设计其他的发光二极管的显示样式。

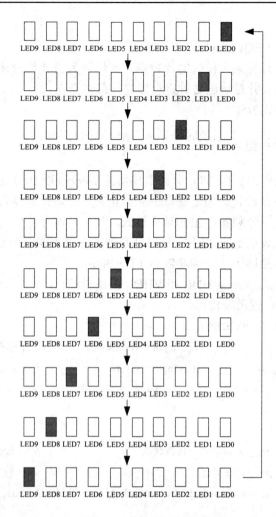

图 3.1 流水灯显示样式图

3.1.2 实验基本要求的设计示例

如图 3.2 所示，为了完成实验的基本要求，整个系统应该由分频器、流水灯计数器及 LED 显示转换器逻辑电路构成。由于是首个实验，下面将对整个设计过程进行介绍，在后续的实验设计示例中则只对必要的过程进行介绍(如逻辑设计、锁定引脚等)。

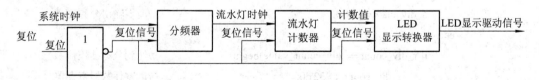

图 3.2 流水灯设计示意图

1. 建立工程

前面章节已经对 EDA 软件的建立工程过程进行了详细介绍，这里不再重复。

2. 逻辑设计

1) 分频器(模块名：FREQUENCY_DIVIDER)

分频器实际上是一个具有某个模值的计数器，其作用为当计数器计数到模值时，对计数器寄存器进行清零操作，并对输出时钟寄存器进行翻转操作。

分频器的模值计算公式为

$$\text{分频器模值} = \frac{\text{系统时钟频率}/\text{期望输出时钟频率}}{2} - 1 \tag{3-1}$$

当分频器期望输出频率为 1 Hz 时，分频器模值为 24999999(DE0 开发板上的系统时钟频率为 50 MHz)。值得注意的是，为了保证分频器正常工作，计数器寄存器所能表示的最大值必须大于分频器模值。分频器产生的频率越低，计数器寄存器所需的位数越多。这里我们将计数器寄存器的位数设定为 32 位，这时计数器寄存器可表示的最大数值为 $2^{32} - 1 = 4294967295 > 24999999$，能够满足分频器输出 1 Hz 的要求。

这里分别给出分频器的 Verilog HDL 和 VHDL 的逻辑源代码：

分频器的 Verilog HDL 逻辑源代码：

```verilog
module FREQUENCY_DIVIDER (
                            input i_sys_clk,         //系统时钟输入
                            input i_sys_rst,         //系统复位输入
                            output reg o_div_clk     //分频时钟输出
                            );

    parameter   sys_clk_fre_value = 32'd50000000;                       //系统时钟频率值
    parameter   div_clk_fre_value = 1;                                  //分频器输出期望值
    parameter   div_count_value = sys_clk_fre_value/div_clk_fre_value/2-32'd1;

    reg [31:0] r_div_count;                                             //计数器寄存器

    always @ (posedge i_sys_rst or posedge i_sys_clk)
    begin
        if(i_sys_rst)begin                                              //当输入系统复位高有效时
            r_div_count <= 32'd0;                                       //清零计数器寄存器
            o_div_clk <= 1'b0;                                          //清零输出分频时钟
        end else begin
            if(r_div_count == div_count_value)begin                     //达到分频器模值
                r_div_count <= 32'd0;                                   //清零计数器寄存器
                o_div_clk <= ~o_div_clk;                                //翻转输出分频时钟
            end else begin
                r_div_count <= r_div_count + 32'd1;                     //对计数器寄存器做+1 操作
            end
    end
```

```
            end
        end

    endmodule
```
分频器的 VHDL 逻辑源代码：
```vhdl
    library IEEE;
    use IEEE.std_logic_1164.all;
    use IEEE.std_logic_arith.all;
    use IEEE.std_logic_unsigned.all;

    entity FREQUENCY_DIVIDER is
        generic(
            sys_clk_fre_value: INTEGER := 50000000;      --系统时钟频率值
            div_clk_fre_value: INTEGER := 1              --分频器输出期望值
        );
        port(
            i_sys_clk: in STD_LOGIC;                     --系统时钟输入
            i_sys_rst: in STD_LOGIC;                     --系统复位输入
            o_div_clk: out STD_LOGIC                     --分频时钟输出
        );
    end entity FREQUENCY_DIVIDER;

    architecture behavior of FREQUENCY_DIVIDER is
        signal r_div_count: STD_LOGIC_VECTOR (31 downto 0);   --计数器寄存器
        signal r_div_clk:STD_LOGIC;                           --分频时钟暂存
        begin
        process(i_sys_rst, i_sys_clk)
            begin
                if (i_sys_rst = '1') then                --当输入系统复位高有效时
                    r_div_count <= x"00000000";          --清零计数器寄存器
                    r_div_clk <= '0';                    --清零输出分频时钟
                elsif (i_sys_clk'event AND i_sys_clk = '1') then
                    if (r_div_count = sys_clk_fre_value/div_clk_fre_value/2-1) then
                                                         --达到分频器模值
                        r_div_count <=   x"00000000";    --清零计数器寄存器
                        r_div_clk <= NOT r_div_clk;      --翻转分频时钟暂存
                    else
                        r_div_count <= r_div_count+1;    --对计数器寄存器做加 1 操作
                    end if;
```

```
            end if;
        end process;
        o_div_clk <= r_div_clk;              --将分频时钟暂存值赋值到分频时钟输出
    end architecture behavior;
```

这里需要注意的是，使用 VHDL 进行设计时，首先需要对可能用到的库进行声明。由于 VHDL 属于强类型语言，在设计过程中需要保证各个逻辑对象间类型的匹配性，同时逻辑的输出信号在进程中不允许被读取，因而需要像本例子中给出的分频器逻辑源代码那样，首先定义内部信号(分频器逻辑中的 r_div_clk)，对内部信号进行操作后再将结果赋值到输出信号(分频器逻辑中的 o_div_clk)。

2) 流水灯计数器(模块名：LAMP_COUNTER)

由于本设计的工作是依次点亮 10 个 LED，整个流水灯的工作流程存在 10 个工作状态，因此流水灯计数器实质上就是一个模十计数器。由于逻辑上与分频器具有很大的相似性，因而这里不再给出具体代码。需要注意的是，需要保证计数寄存器所能表示的最大数值大于 10，这里建议将计数寄存器的位数设置为 4 位，同时与分频器设计有所不同，需要将计数器的计数值作为输出变量输出到外部。

3) LED 显示转换器(模块名：LAMP_CONVERTER)

LED 显示转换器实质上是一个对流水灯计数器输出计数值与 LED 显示结果进行转换的逻辑，这里设计一个采用 case 结构的组合逻辑电路。由于 DE0 开发板上 LED 的电路连接方式为共阴极结构，因此点亮某个 LED，从逻辑上就是将与这个 LED 相连接的 FPGA 引脚设置为高电平，在逻辑设计语言中就是对输出信号的某位赋值为 1。下面我们分别给出 LED 显示转换器的 Verilog HDL 和 VHDL 逻辑源代码。

LED 显示转换器的 Verilog HDL 逻辑源代码：

```
    module LAMP_CONVERTER (
                    input    [3:0] i_lamp_val,    //流水灯计数器输入
                    input    i_sys_rst,           //系统复位输入
                    output reg[9:0]  o_lamp_display_val
                                                  //LED 显示输出
                    );

    always @ (i_sys_rst or i_lamp_val)
    begin
        if(i_sys_rst)begin                              //当输入系统复位高有效时
            o_lamp_display_val <= 10'b00_0000_0000;     //熄灭所有 LED
        end else begin
            case(i_lamp_val)                            //根据流水灯计数器输入依次点亮 LED
                4'd0: o_lamp_display_val <= 10'b00_0000_0001;
                4'd1: o_lamp_display_val <= 10'b00_0000_0010;
```

```
                4'd2: o_lamp_display_val <= 10'b00_0000_0100;
                4'd3: o_lamp_display_val <= 10'b00_0000_1000;
                4'd4: o_lamp_display_val <= 10'b00_0001_0000;
                4'd5: o_lamp_display_val <= 10'b00_0010_0000;
                4'd6: o_lamp_display_val <= 10'b00_0100_0000;
                4'd7: o_lamp_display_val <= 10'b00_1000_0000;
                4'd8: o_lamp_display_val <= 10'b01_0000_0000;
                4'd9: o_lamp_display_val <= 10'b10_0000_0000;
                default: o_lamp_display_val <= 10'b00_0000_0000;
            end case
        end
    end
endmodule
```

LED 显示转换器的 VHDL 逻辑源代码：

```
library IEEE;
use IEEE.std_logic_1164.all;
use IEEE.std_logic_arith.all;
use IEEE.std_logic_unsigned.all;

entity LAMP_CONVERTER is
    port(
        i_lamp_val: in STD_LOGIC_VECTOR (3 downto 0);              --流水灯计数器输入
        i_sys_rst: in STD_LOGIC;   --系统复位输入
        o_lamp_display_val: out STD_LOGIC_VECTOR (9 downto 0)      --LED 显示输出 );
end entity LAMP_CONVERTER;

architecture behavior of LAMP_CONVERTER is
    signal r_lamp_display_val: STD_LOGIC_VECTOR (9 downto 0);
begin
    process(i_sys_rst, i_lamp_val)
    begin
        if(i_sys_rst = '1') then                      --当输入系统复位高有效时
            r_lamp_display_val <= "0000000000";       --熄灭所有 LED
        else
            case i_lamp_val is                        --根据流水灯计数器输入依次点亮 LED
                when "0000" => r_lamp_display_val <= "0000000001";
                when "0001" => r_lamp_display_val <= "0000000010";
                when "0010" => r_lamp_display_val <= "0000000100";
                when "0011" => r_lamp_display_val <= "0000001000";
```

```vhdl
                    when "0100" => r_lamp_display_val <= "0000010000";
                    when "0101" => r_lamp_display_val <= "0000100000";
                    when "0110" => r_lamp_display_val <= "0001000000";
                    when "0111" => r_lamp_display_val <= "0010000000";
                    when "1000" => r_lamp_display_val <= "0100000000";
                    when "1001" => r_lamp_display_val <= "1000000000";
                    when others => r_lamp_display_val <= "0000000000";
                end case;
            end if;
        end process;
        o_lamp_display_val <= r_lamp_display_val;
    end architecture behavior;
```

4) 顶层逻辑(模块名：**LAMP_LIGHT_TOP**)

为了使流水灯正常工作，需要设计 1 个顶层逻辑，整合上述的 3 个逻辑模块。下面分别给出顶层函数的 Verilog HDL 和 VHDL 的逻辑源代码。由于顶层逻辑主要是对各个逻辑模块进行整合，具有一定的相似性，因而在后续实验中将不再给出这部分的代码。

顶层逻辑的 Verilog HDL 源代码：

```verilog
module LAMP_LIGHT_TOP (
                    input i_sys_clk,                          //系统时钟输入
                    input i_sys_rst,                          //系统复位输入
                    output [9:0] o_lamp_display_val           //LED 显示输出
                    );

    wire        w_lamp_clk;                                   //分频时钟
    wire [3:0]  w_lamp_val;                                   //LED 计数值输出

    FREQUENCY_DIVIDER u1(
                    .i_sys_clk(i_sys_clk),
                    .i_sys_rst(~i_sys_rst),
                    .o_div_clk(w_lamp_clk)
                    );                                        //分频器模块

    LAMP_COUNTER      u2(
                    .i_lamp_clk(w_lamp_clk),
                    .i_sys_rst(~i_sys_rst),
                    .o_lamp_val(w_lamp_val)
```

```
                                );                              //流水灯计数器模块

    LAMP_CONVERTER        u3(
                                .i_lamp_val(w_lamp_val),
                                .i_sys_rst(~i_sys_rst),
                                .o_lamp_display_val(o_lamp_display_val)
                                );                              //LED 显示转换器模块

    endmodule
```

顶层逻辑的 VHDL 源代码：

```vhdl
library IEEE;
use IEEE.std_logic_1164.all;
use IEEE.std_logic_arith.all;
use IEEE.std_logic_unsigned.all;

entity LAMP_LIGHT_TOP is
    port(
        i_sys_clk: in STD_LOGIC;                          --系统时钟输入
        i_sys_rst: in STD_LOGIC;                          --系统复位输入
        o_lamp_display_val: out STD_LOGIC_VECTOR (9 downto 0)   --LED 显示输出
    );
end entity LAMP_LIGHT_TOP;
--模块声明
architecture behavior of LAMP_LIGHT_TOP is
    component FREQUENCY_DIVIDER is
    generic(--参数声明
        sys_clk_fre_value: INTEGER := 50000000;
        div_clk_fre_value: INTEGER := 1
    );
    port(--输入/输出声明
        i_sys_clk: in STD_LOGIC;
        i_sys_rst: in STD_LOGIC;
        o_div_clk: out STD_LOGIC
    );
    end component;
    component LAMP_COUNTER is
    generic(--参数声明
        cnt_mod_value: INTEGER := 10
    );
```

```vhdl
port(--输入/输出声明
    i_lamp_clk: in STD_LOGIC;
    i_sys_rst: in STD_LOGIC;
    o_lamp_val: out STD_LOGIC_VECTOR (3 downto 0)
);
end component;
component LAMP_CONVERTER is
port(--输入/输出声明
    i_lamp_val: in STD_LOGIC_VECTOR (3 downto 0);
    i_sys_rst: in STD_LOGIC;
    o_lamp_display_val: out STD_LOGIC_VECTOR (9 downto 0)
);
end component;
signal w_sys_rst: STD_LOGIC;                              --系统复位
signal w_div_clk: STD_LOGIC;                              --分频时钟
signal w_lamp_val: STD_LOGIC_VECTOR (3 downto 0);         --LED 计数值

begin
    w_sys_rst <= NOT i_sys_rst;                           --对输入系统时钟取反

    U1: FREQUENCY_DIVIDER port map (i_sys_clk => i_sys_clk,
                                    i_sys_rst => w_sys_rst,
                                    o_div_clk => w_div_clk);
                                    --分频器模块
    U2: LAMP_COUNTER port map (i_lamp_clk => w_div_clk,
                               i_sys_rst => w_sys_rst,
                               o_lamp_val => w_lamp_val);
                               --LED 计数器模块
    U3: LAMP_CONVERTER port map (i_lamp_val => w_lamp_val,
                                 i_sys_rst => w_sys_rst,
                                 o_lamp_display_val => o_lamp_display_val);
                                 --LED 显示转换器模块
end architecture behavior;
```

这里需要注意的是，建议将系统的复位信号连接到按键 Button0～Button2 或 GPIO 处。实际与模块的复位信号进行连接时，考虑到前面所设计的逻辑模块，复位信号均为高电平有效。由于 DE0 开发板上的 Button0～Button2 按下时为低电平，因此当选择 Button 作为复位信号时，需要将 Button 输入的复位信号进行取反操作后再作为复位信号接入各个模块。此外，由于 VHDL 属于强类型语言，进行模块调用时，首先需要对各个模块的参数、输入、输出进行声明；并且，不能在模块的输入部分对逻辑变量进行逻辑操作，如果需要对输入参数进行逻辑操作,则需要首先定义中间信号(如本例中为 w_sys_rst);将逻辑操作后的值赋给中间信号,如 VHDL 代码中的 w_sys_rst <= NOT i_sys_rst,再传递到模块的输入。

3. 逻辑仿真

由于上述逻辑均是通过仿真验证过的模块,这里略过这个过程。需要注意的是,为了保证仿真的顺利进行,仿真脚本中所有的输入信号均应该在系统复位时给出确定的数值,以防止输入信号出现 X(不确定状态),影响仿真的输出结果。

4. 锁定引脚

这里给出与本实验相关的 FPGA 引脚,根据前面章节介绍的方法,对相关引脚进行锁定后,通过编译就可以最终完成设计过程。该例中所用引脚分布如表 3.1 所示。

表 3.1　FPGA 引脚分配表

基础与扩展要求使用引脚			
信号名称	FPGA 引脚	信号名称	FPGA 引脚
i_sys_clk	PIN_G21	o_lamp_display_val[5]	PIN_E1
i_sys_rst	PIN_F1	o_lamp_display_val[4]	PIN_F2
o_lamp_display_val[9]	PIN_B1	o_lamp_display_val[3]	PIN_H1
o_lamp_display_val[8]	PIN_B2	o_lamp_display_val[2]	PIN_J3
o_lamp_display_val[7]	PIN_C2	o_lamp_display_val[1]	PIN_J2
o_lamp_display_val[6]	PIN_C1	o_lamp_display_val[0]	PIN_J1

5. 下载到 FPGA

根据前面章节介绍的方法,将以 .sof 为后缀的编程文件加载到 FPGA 中即可观察到本实验基础部分的演示现象。

3.2　计时器实验

3.2.1　实验要求

1. 基本要求

设计 FPGA 逻辑,使用 DE0 实验板上的七段数码管 HEX3~HEX0,实现一个计数范围为 0 分 0 秒~59 分 59 秒的计数器。其中,HEX3~HEX2 显示计数器的分钟数值,HEX1~HEX0 显示计数器的秒数值。计数器通过 Button2 对计数值进行清零。

2. 扩展要求

设计 FPGA 逻辑,使用 DE0 实验板上的七段数码管 HEX3~HEX0,实现一个计数范围为 0 小时 0 分 0 秒~23 小时 59 分 59 秒的计数器,当计数值为 0 分 0 秒~59 分 59 秒范围时,HEX3~HEX2 显示计数器的分钟数值,HEX1~HEX 0 显示计数器的秒数值;当计数值为 1 小时 0 分 0 秒~23 小时 59 分 59 秒范围时,HEX3~HEX2 显示计数器的小时数值,

HEX1～HEX0 显示计数器的分钟数值。计数器可通过 BUTTON1 对计数值进行清零。

3.2.2 实验基本要求的设计示例

如图 3.3 所示，为了完成实验的基本要求，整个系统应该由分频器、计时器计数器(秒个位模十计数器、秒十位模六计数器、分个位模十计数器、分十位模六计数器)及七段数码管显示转换器逻辑电路构成。下面将对系统的逻辑设计、锁定引脚进行详细描述。

1. 逻辑设计

1) 分频器(模块名：FREQUENCY_DIVIDER)

由于本实验中所采用的分频器与流水灯实验中所采用的分频器具有相同的逻辑结构，故这里不再详细介绍。

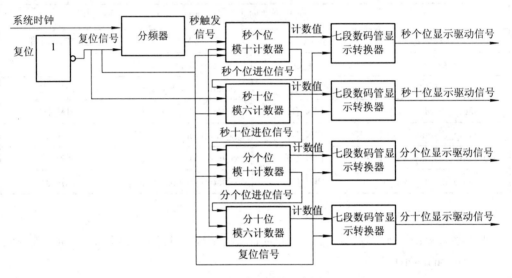

图 3.3 计时器设计示意图

2) 计时器计数器 (模块名：BCD_COUNTER)

本设计中所使用的计数器与流水灯实验中所使用的计数器具有相似的逻辑结构，有所不同的是，该计数器的模值可根据需要进行设定。为了采用全局时钟对计数器进行驱动，这里需要加入计数进位输入信号(相当于计数使能信号)，只有当信号为高电平时，计数器才可进行计数操作，否则计数器处于保持状态。当计数到设定模值时向外输出进位信号。下面我们分别给出计时器计数器的 Verilog HDL 和 VHDL 逻辑源代码。

计时器计数器的 Verilog HDL 逻辑源代码：

```
module BCD_COUNTER (
    input            i_time_clk,         //系统时钟输入
    input            i_sys_rst,          //系统复位输入
    input      [3:0] i_mod_value,        //计数模值输入(模值-1)
    input            i_count_carry_in,   //计数进位输入
    output reg [3:0] o_count,            //计数值输出
    output reg       o_count_carry_out   //计数进位输出
```

```verilog
    );

    always @ (posedge i_sys_rst or posedge i_time_clk)
    begin
        if(i_sys_rst)begin                                  //当系统复位高有效时
            o_count <= 4'd0;                                //清零计数值
            o_count_carry_out <= 1'b0;                      //将计数进位输出设置为低电平
        end else begin
            if(i_count_carry_in)begin                       //当计数进位输入高有效时
                if(o_count == i_mod_value)begin             //当计数到设定模值时
                    o_count <= 4'd0;                        //清零计数值
                    o_count_carry_out <= 1'b1;              //将计数进位输出设置为高电平(有效)
                end else begin
                    o_count <= o_count + 4'd1;              //计数值做加1操作
                    o_count_carry_out <= 1'b0;              //将计数进位输出设置为低电平
                end
            end
        end
    end
endmodule
```

计时器计数器的 VHDL 逻辑源代码：

```vhdl
library IEEE;
use IEEE.std_logic_1164.all;
use IEEE.std_logic_arith.all;
use IEEE.std_logic_unsigned.all;

entity BCD_COUNTER is
    generic(
        i_mod_value: INTEGER := 9                           --模值设定参数(模值-1)
    );
    port(
        i_sys_clk: in STD_LOGIC;                            --系统时钟输入
        i_sys_rst: in STD_LOGIC;                            --系统复位输入
        i_count_carry_in: in STD_LOGIC;                     --计数进位输入
        o_count: out STD_LOGIC_VECTOR (3 downto 0);         --计数值输出
        o_count_carry_out: out STD_LOGIC                    --计数进位输出
    );
end entity BCD_COUNTER;
```

```vhdl
architecture behavior of BCD_COUNTER is
    signal r_count: STD_LOGIC_VECTOR (3 downto 0);          --计数值暂存
begin
    process(i_sys_rst, i_sys_clk, i_count_carry_in)
        begin
            if (i_sys_rst = '1') then                        --当系统复位输入高有效时
                r_count <= "0000";                           --清零计数值
                o_count_carry_out <= '0';                    --将计数进位输出设置为低电平
            elsif (i_sys_clk'event AND i_sys_clk = '1') then
                if (i_count_carry_in = '1') then             --当计数进位输入高有效时
                    if (r_count = i_mod_value) then          --当计数到设定模值时
                        r_count <= "0000";                   --清零计数值
                        o_count_carry_out <= '1';
                                                             --将计数进位输出设置为高电平(有效)
                    else
                        r_count <= r_count +1;               --计数值做加1操作
                        o_count_carry_out <= '0';            --将计数进位输出设置为低电平
                    end if;
                end if;
            end if;
        end process;
    o_count <= r_count;                                      --将计数值暂存结果赋值到计数器输出
end architecture behavior;
```

3) 七段数码管显示转换器(模块名：SEG_CONVERTER)

七段数码管显示转换器实质上是一个对计时器计数器输出计数值与七段数码管显示结果进行转换的逻辑，这里设计一个采用 case 结构的组合逻辑电路。由于 DE0 开发板上七段数码管的电路连接方式为共阳极结构，因此点亮某个数码管的字段，逻辑上就是将与这个数码管字段相连接的 FPGA 引脚设置为低电平，在逻辑设计语言中就是对输出信号的某位赋值 0。由于本逻辑与流水灯实验 LED 显示转换器逻辑具有很高的相似性，下面我们分别给出七段数码管显示转换器与数码管显示转换直接相关的 Verilog HDL 和 VHDL 的部分逻辑源代码(也可作为 BCD 码到共阳极七段显示的译码器代码)：

七段数码管显示转换器的 Verilog HDL 部分逻辑源代码：

```verilog
case(i_time_val)    //计数器输出的计数值
    4'd0: o_seg_display_val <= 7'b100_0000;
    4'd1: o_seg_display_val <= 7'b111_1001;
    4'd2: o_seg_display_val <= 7'b010_0100;
    4'd3: o_seg_display_val <= 7'b011_0000;
    4'd4: o_seg_display_val <= 7'b001_1001;
    4'd5: o_seg_display_val <= 7'b001_0010;
```

```
            4'd6: o_seg_display_val <= 7'b000_0010;
            4'd7: o_seg_display_val <= 7'b111_1000;
            4'd8: o_seg_display_val <= 7'b000_0000;
            4'd9: o_seg_display_val <= 7'b001_0000;
            default: o_seg_display_val <= 7'b111_1111;
        endcase
```

七段数码管显示转换器的 VHDL 部分逻辑源代码：

```
        case i_time_val is    --计数器输出的计数值
            when "0000" => r_seg_display_val <= "1000000";
            when "0001" => r_seg_display_val <= "1111001";
            when "0010" => r_seg_display_val <= "0100100";
            when "0011" => r_seg_display_val <= "0110000";
            when "0100" => r_seg_display_val <= "0011001";
            when "0101" => r_seg_display_val <= "0010010";
            when "0110" => r_seg_display_val <= "0000010";
            when "0111" => r_seg_display_val <= "1111000";
            when "1000" => r_seg_display_val <= "0000000";
            when "1001" => r_seg_display_val <= "0010000";
            when others => r_seg_display_val <= "1111111";
        end case;
```

4) 顶层逻辑(模块名：TIMER_TOP)

由于分频器给出的秒触发信号及各个计数器给出的进位输出信号相对于系统时钟均具有较宽的脉冲宽度，而计数器的进位输入信号以电平形式使能，为了保证计数器正常工作，在将秒触发信号及各个计数器的进位输出信号输入到计数器模块前，需要对其进行适当的处理，处理的方法见下面给出的 Verilog HDL 和 VHDL 逻辑源代码。

Verilog HDL 逻辑源代码(只给出了关键部分代码)：

```
        wire  w_time_clk;
        wire  w_sec0_carry_out;
        wire  w_sec1_carry_out;
        wire  w_min0_carry_out;

        reg   r_time_clk;
        reg   r_sec0_carry_out;
        reg   r_sec1_carry_out;
        reg   r_min0_carry_out;

        assign w_sec0_carry_in = w_time_clk & ~r_time_clk;
        assign w_sec1_carry_in = w_sec0_carry_out & ~r_sec0_carry_out;
        assign w_min0_carry_in = w_sec1_carry_out & ~r_sec1_carry_out;
```

```
assign w_min1_carry_in = w_min0_carry_out & ~r_min0_carry_out;

always @ (negedge i_sys_rst or posedge i_sys_clk)
begin
    if(!i_sys_rst)begin
        r_time_clk <= 1'b0;
        r_sec0_carry_out <= 1'b0;
        r_sec1_carry_out <= 1'b0;
        r_min0_carry_out <= 1'b0;
    end else begin
        r_time_clk <= w_time_clk;
        r_sec0_carry_out <= w_sec0_carry_out;
        r_sec1_carry_out <= w_sec1_carry_out;
        r_min0_carry_out <= w_min0_carry_out;
    end
end
```

VHDL 逻辑源代码(只给出了关键部分代码)：

```
signal w_time_clk: STD_LOGIC;
signal w_sec0_carry_out: STD_LOGIC;
signal w_sec1_carry_out: STD_LOGIC;
signal w_min0_carry_out: STD_LOGIC;

signal r_time_clk: STD_LOGIC;
signal r_sec0_carry_out: STD_LOGIC;
signal r_sec1_carry_out: STD_LOGIC;
signal r_min0_carry_out: STD_LOGIC;

signal w_sec0_carry_in: STD_LOGIC;
signal w_sec1_carry_in: STD_LOGIC;
signal w_min0_carry_in: STD_LOGIC;
signal w_min1_carry_in: STD_LOGIC;

begin
    process(i_sys_rst, i_sys_clk)
    begin
        if (i_sys_rst = '0') then
            r_time_clk <= '0';
            r_sec0_carry_out <= '0';
            r_sec1_carry_out <= '0';
```

r_min0_carry_out <= '0';
            elsif (i_sys_clk'event AND i_sys_clk = '1') then
                r_time_clk <= w_time_clk;
                r_sec0_carry_out <= w_sec0_carry_out;
                r_sec1_carry_out <= w_sec1_carry_out;
                r_min0_carry_out <= w_min0_carry_out;
            end if;
        end process;
        w_sys_rst <= NOT i_sys_rst;
        w_sec0_carry_in <= w_time_clk AND (NOT r_time_clk);
        w_sec1_carry_in <= w_sec0_carry_out AND (NOT r_sec0_carry_out);
        w_min0_carry_in <= w_sec1_carry_out AND (NOT r_sec1_carry_out);
        w_min1_carry_in <= w_min0_carry_out AND (NOT r_min0_carry_out);

上述逻辑的实际作用就是把具有较宽脉冲宽度的秒触发信号及各个计数器给出的进位输出信号，转换为一个时钟周期的窄脉冲信号。相关知识可参考《数字电子技术基础(第二版)》(西安电子科技大学出版社，2013 年)教材中同步时序电路的设计方法。

2. 锁定引脚

这里给出与本实验相关的 FPGA 引脚，根据前面章节介绍的方法，对相关引脚进行锁定后，通过编译就可以最终完成设计过程。FPGA 引脚分布如表 3.2 所示。

表 3.2 FPGA 引脚分配表

基础与扩展要求使用引脚			
信号名称	FPGA 引脚	信号名称	FPGA 引脚
i_sys_clk	PIN_G21	o_min1_display[0]	PIN_B18
i_sys_rst	PIN_F1	o_sec0_display[6]	PIN_F13
o_min0_display[6]	PIN_F14	o_sec0_display[5]	PIN_F12
o_min0_display[5]	PIN_B17	o_sec0_display[4]	PIN_G12
o_min0_display[4]	PIN_A17	o_sec0_display[3]	PIN_H13
o_min0_display[3]	PIN_E15	o_sec0_display[2]	PIN_H12
o_min0_display[2]	PIN_B16	o_sec0_display[1]	PIN_F11
o_min0_display[1]	PIN_A16	o_sec0_display[0]	PIN_E11
o_min0_display[0]	PIN_D15	o_sec1_display[6]	PIN_A15
o_min1_display[6]	PIN_G15	o_sec1_display[5]	PIN_E14
o_min1_display[5]	PIN_D19	o_sec1_display[4]	PIN_B14
o_min1_display[4]	PIN_C19	o_sec1_display[3]	PIN_A14
o_min1_display[3]	PIN_B19	o_sec1_display[2]	PIN_C13
o_min1_display[2]	PIN_A19	o_sec1_display[1]	PIN_B13
o_min1_display[1]	PIN_F15	o_sec1_display[0]	PIN_A13

3.3 单稳态触发器实验

3.3.1 实验要求

1. 基本要求

设计 FPGA 逻辑,实现一个单稳态触发器功能。当按下 Button2 时,可以使 DE0 实验板上的发光二极管 LED4 发光,经过 2 s 后 LED4 熄灭,在 LED4 熄灭前再次按下 Button2 无效。当 LED4 熄灭后再次按下 Button2 可以重复上述的现象。

2. 扩展要求

设计 FPGA 逻辑,实现一个单稳态触发器功能。当按下 Button2 时,可以使 DE0 实验板上的发光二极管 LED4 发光,经过 1 s 后 LED4 熄灭,在 LED4 熄灭前及熄灭后 1 s 内再次按下 Button1 无效。当 LED4 熄灭 1 s 后再次按下 Button2 可以重复上述的现象(即输入脉冲长度大于输出脉冲长度的单稳态触发器)。

3.3.2 实验基本要求的设计示例

如图 3.4 所示,为了完成实验的基本要求,整个系统应该由下降沿触发的 D 触发器、基本逻辑门电路及脉冲宽度计数器电路构成。下降沿触发的 D 触发器用来接收外部输入信号的下降沿,脉冲宽度计数器在不同的模值下产生不同宽度的输出脉冲信号,模值越大则输出脉冲的宽度越宽。下面将对系统的逻辑设计、锁定引脚进行描述。

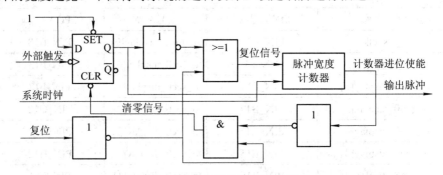

图 3.4 单稳态触发器设计示意图

1. 逻辑设计

1) D 触发器(模块名:D_FLIP_FLOP)

这里使用的 D 触发器为下降沿触发的 D 触发器,并具有低有效的异步置 1 和清 0 端。下面我们分别给出下降沿触发的 D 触发器的 Verilog HDL 和 VHDL 逻辑源代码。

下降沿触发的 D 触发器的 Verilog HDL 逻辑源代码:

```
module D_FLIP_FLOP(
        input i_trig,        //外部触发输入
        input i_d,           //D 触发器输入
```

```verilog
        input i_set_n,              //异步置 1 输入
        input i_clr_n,              //异步清 0 输入
        output reg o_q              //D 触发器输出
        );

    always @ (negedge i_set_n or negedge i_clr_n or negedge i_trig)
    begin
        if(!i_set_n)begin                   //当置 1 低有效时
            o_q <= 1'b1;                    //D 触发器输出为 1
        end else begin
            if(!i_clr_n)begin               //当清 0 低有效时
                o_q <= 1'b0;                //D 触发器输出为 0
            end else begin                  //外部触发信号下降沿来临时
                o_q <= i_d;                 //D 触发器输出等于 D 触发器输入
            end
        end
    end

    endmodule
```

下降沿触发的 D 触发器的 VHDL 逻辑源代码：

```vhdl
    library IEEE;
    use IEEE.std_logic_1164.all;
    use IEEE.std_logic_arith.all;
    use IEEE.std_logic_unsigned.all;

    entity D_FLIP_FLOP is
        port(
            i_trig: in STD_LOGIC;       -- 外部触发输入
            i_d: in STD_LOGIC;          -- D 触发器输入
            i_set_n: in STD_LOGIC;      -- 异步置 1 输入
            i_clr_n: in STD_LOGIC;      -- 异步清 0 输入
            o_q: out STD_LOGIC          -- D 触发器输出
            );
    end entity D_FLIP_FLOP;

    architecture behavior of D_FLIP_FLOP is
    begin
        process(i_set_n, i_clr_n, i_trig)
```

```vhdl
        begin
            if (i_set_n = '0') then                    --当置 1 低有效时
                o_q <= '1';                            --D 触发器输出为 1
            elsif (i_clr_n = '0') then                 --当清 0 低有效时
                o_q <= '0';                            --D 触发器输出为 0
            elsif (i_trig'event AND i_trig = '0') then --外部触发信号下降沿来临时
                o_q <= i_d;                            --D 触发器输出等于 D 触发器输入
            end if;
        end process;
    end architecture behavior;
```

2) 脉冲宽度计数器(模块名：PULSE_WIDTH_COUNTER)

本设计中所使用的脉冲宽度计数器与计时器实验中所使用的计时器计数器具有相似的逻辑结构，因而这里不再给出具体代码。值得注意的是，为了保证单稳态触发器具有足够宽的输出脉冲，这里将计数器寄存器的位数设定为 32 位。

3) 顶层逻辑(模块名：MONOSTABLE_TRIGGER_TOP)

由于单稳态触发器 D 触发器与脉冲宽度计数器之间需要使用基本逻辑门进行比较复杂的连接，这里给出单稳态触发器的顶层模块的 Verilog HDL 和 VHDL 逻辑源代码。

单稳态触发器的顶层模块的 Verilog HDL 逻辑源代码：

```verilog
module MONOSTABLE_TRIGGER_TOP (
                    input i_sys_clk,        //系统时钟输入
                    input i_sys_rst,        //系统复位输入
                    input i_trig,           //外部触发输入
                    output o_pulse          //触发脉冲输出
                    );

    wire w_clr;                                                 //清零暂存

    D_FLIP_FLOP u1(
                    .i_trig(i_trig),                //外部触发输入
                    .i_d(1'b1),                     //D 触发器输入(高电平)
                    .i_set_n(1'b1),                 //异步置 1 输入(高电平)
                    .i_clr_n(i_sys_rst & ~w_clr),   //异步清 0 输入
                    .o_q(o_pulse)                   //触发脉冲输出
                    );

    PULSE_WIDTH_COUNTER u2(
                    .i_rst((~i_sys_rst | ~o_pulse)),    //复位输入
                    .i_sys_clk(i_sys_clk),              //系统时钟输入
```

```
                    .o_count_carry(w_clr)        //计数进位信号输出
                );

    endmodule
```
单稳态触发器的顶层模块的 VHDL 逻辑源代码：
```vhdl
library IEEE;
use IEEE.std_logic_1164.all;
use IEEE.std_logic_arith.all;
use IEEE.std_logic_unsigned.all;

entity MONOSTABLE_TRIGGER_TOP is
    port(
        i_sys_clk: in STD_LOGIC;        --系统时钟输入
        i_sys_rst: in STD_LOGIC;        --系统复位输入
        i_trig: in STD_LOGIC;           --外部触发输入
        o_pulse: out STD_LOGIC          --触发脉冲输出
    );
end entity MONOSTABLE_TRIGGER_TOP;

architecture behavior of MONOSTABLE_TRIGGER_TOP is    --模块声明
    component D_FLIP_FLOP is
    port(
        i_trig: in STD_LOGIC;           --外部触发输入
        i_d: in STD_LOGIC;              --D 触发器输入(高电平)
        i_set_n: in STD_LOGIC;          --异步置 1 输入(高电平)
        i_clr_n: in STD_LOGIC;          --异步清 0 输入
        o_q: out STD_LOGIC              --触发脉冲输出
    );
    end component;
    component PULSE_WIDTH_COUNTER is
    generic(
        count_value: INTEGER := 100000000 – 1    --设定脉冲宽度
    );
    port(
        i_rst: in STD_LOGIC;                     --复位输入
        i_sys_clk: in STD_LOGIC;                 --系统时钟输入
        o_count_carry: out STD_LOGIC             --计数进位信号输出
    );
    end component;
```

```vhdl
    signal r_pulse: STD_LOGIC;              --触发脉冲暂存
    signal w_clr_n: STD_LOGIC;              --D 触发器清 0 暂存
    signal w_rst: STD_LOGIC;                --计数器复位暂存
    signal w_clr: STD_LOGIC;                --计数器进位信号输出暂存
begin
    w_clr_n <= i_sys_rst AND (NOT w_clr);
    w_rst <= (NOT i_sys_rst) OR (NOT r_pulse);
    U1: D_FLIP_FLOP port map (    i_trig => i_trig,
                                  i_d => '1',
                                  i_set_n => '1',
                                  i_clr_n => w_clr_n,
                                  o_q => r_pulse
                                );
    U2: PULSE_WIDTH_COUNTER port map (
                                  i_rst => w_rst,
                                  i_sys_clk => i_sys_clk,
                                  o_count_carry => w_clr
                                );
    o_pulse <= r_pulse;           --将触发脉冲暂存赋值到触发脉冲输出
end architecture behavior;
```

2. 锁定引脚

这里给出与本实验相关的 FPGA 引脚，根据前面章节介绍的方法，对相关引脚进行锁定后，通过编译就可以最终完成设计过程。FPGA 引脚分布如表 3.3 所示。

表 3.3　FPGA 引脚分配表

基础与扩展要求使用引脚	
信号名称	FPGA 引脚
i_sys_clk	PIN_G21
i_sys_rst	PIN_G3
i_trig	PIN_F1
o_pulse	PIN_F2

3.4　脉宽调制(PWM)实验

3.4.1　实验要求

1. 基本要求

设计 FPGA 逻辑，实现单路 PWM 发生器。通过拨动 DE0 开发板上的 SW6～SW0 拨码开关，可以调节 DE0 实验板上的发光二极管 LED4 的亮度。

2. 扩展要求

设计 FPGA 逻辑，实现单路 PWM 发生器。当每次按下 Button2 时，可以使 DE0 实验板上的发光二极管 LED4 在 10 个不同亮度间依次切换。

3.4.2 实验基本要求的设计示例

如图 3.5 所示，为了完成实验的基本要求，整个系统应该由分频器、PWM 计数器及 PWM 数值比较器逻辑电路构成。下面将对系统的逻辑设计、锁定引脚进行描述。

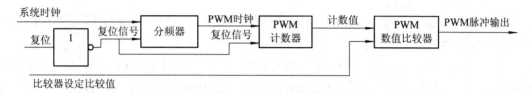

图 3.5 脉宽调制器设计示意图

1. 逻辑设计

1) 分频器(模块名：FREQUENCY_DIVIDER)

由于本实验中所采用的分频器与流水灯实验所采用的分频器具有相同的逻辑结构，故这里不作详细介绍。

2) PWM 计数器(模块名：PWM_COUNTER)

本设计中所使用的 PWM 计数器与计时器实验中所使用的计时器计数器具有相似的逻辑结构，因而这里不再给出具体代码。这里将计数器寄存器的位数设定为 7 位，计数范围为 0~99。

3) PWM 数值比较器(模块名：PWM_COMPARATOR)

PWM 数值比较器属于一个组合逻辑电路，当输入计数值小于比较器设定值时，输出高电平，否则输出低电平。由于该逻辑电路非常简单，这里不再给出具体代码。

2. 锁定引脚

这里给出与本实验相关的 FPGA 引脚，根据前面章节介绍的方法，对相关引脚进行锁定后，通过编译就可以最终完成设计过程。FPGA 引脚分布如表 3.4 所示。

表 3.4 FPGA 引脚分配表

基础要求使用引脚			
信号名称	FPGA 引脚	信号名称	FPGA 引脚
i_compare_set_value[6]	PIN_H7	i_compare_set_value[1]	PIN_H5
i_compare_set_value[5]	PIN_J7	i_compare_set_value[0]	PIN_J6
i_compare_set_value[4]	PIN_G5	i_sys_clk	PIN_G21
i_compare_set_value[3]	PIN_G4	i_sys_rst	PIN_G3
i_compare_set_value[2]	PIN_H6	o_compare_result	PIN_F2
扩展要求使用引脚			
button2(i_trig)	PIN_F1		

3.5 直接数字频率合成(DDS)波形发生器实验

3.5.1 实验要求

1. 基本要求

设计 FPGA 逻辑,实现一个 DDS 波形发生器,产生一个 10 kHz 的三角函数信号(sin/cos)。

2. 扩展要求

设计 FPGA 逻辑,实现一个 DDS 波形发生器,产生频率可调的正弦波信号。当每次按下 Button1 时,可以使正弦波信号的频率在 1 kHz~10 kHz 范围内,以 1 kHz 为步进依次切换。产生上述频率的方波、三角波信号。

3.5.2 实验基本要求的设计示例

如图 3.6 所示,为了完成实验的基本要求,整个系统应该由 DDS 相位累加器、DDS 波形存储器 ROM 组成。下面将对系统的逻辑设计、锁定引脚、SignalTap Ⅱ 调试信号波形显示进行描述。

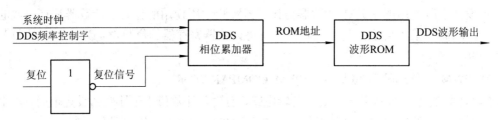

图 3.6 直接数字频率合成(DDS)波形发生器设计示意图

1. 逻辑设计

1) DDS 相位累加器(模块名:DDS_PHASE_ACCUMULATOR)

DDS 相位累加器由加法器和累加寄存器构成,每来 1 个时钟脉冲,加法器将频率控制字与累加寄存器当前的累加相位数据相加,并将结果存入累加寄存器。这里选取的加法器和累加寄存器位数为 26 位。频率控制字的计算方法为

$$\text{DDS 频率控制字} = 2^{\text{相位累加器位数}} \times \frac{\text{期望输出频率}}{\text{系统时钟频率}} \tag{3-2}$$

DE0 开发板上的系统时钟频率为 50 MHz,当期望输出频率为 10 kHz 时,根据式(3-2)可以计算得到应该设置的 DDS 频率控制字约为 13422(十六进制数为 346E)。下面给出 DDS 相位累加器的 Verilog HDL 和 VHDL 逻辑源代码。

DDS 相位累加器的 Verilog HDL 逻辑源代码:

```
module DDS_PHASE_ACCUMULATOR (
                          input i_sys_clk,      //系统时钟输入
```

```verilog
                        input i_sys_rst,              //系统复位输入
                        input [25:0] i_dds_phase_accumulator_word,
                                                      //相位累加器控制字
                        output reg [25:0] o_dds_phase_accumulator
                                                      //相位累加器输出
                        );

    always @ (posedge i_sys_rst or posedge i_sys_clk)
    begin
        if(i_sys_rst)begin                            //系统复位输入高有效
            o_dds_phase_accumulator <= 26'd0;         //相位累加器输出为 0
        end else begin
            o_dds_phase_accumulator <= o_dds_phase_accumulator +
                                i_dds_phase_accumulator_word;
//对相位累加器输出进行累加操作
        end
    end

endmodule
```

DDS 相位累加器的 VHDL 逻辑源代码：

```vhdl
    library IEEE;
    use IEEE.std_logic_1164.all;
    use IEEE.std_logic_arith.all;
    use IEEE.std_logic_unsigned.all;

    entity DDS_PHASE_ACCUMULATOR is
        port(
            i_sys_clk: in STD_LOGIC;                  --系统时钟输入
            i_sys_rst: in STD_LOGIC;                  --系统复位输入
            i_dds_phase_accumulator_word: in STD_LOGIC_VECTOR (25 downto 0);
                                                      --相位累加器控制字
            o_dds_phase_accumulator: out STD_LOGIC_VECTOR (25 downto 0)
                                                      --相位累加器输出
        );
    end entity DDS_PHASE_ACCUMULATOR;

    architecture behavior of DDS_PHASE_ACCUMULATOR is
        signal r_dds_phase_accumulator: STD_LOGIC_VECTOR (25 downto 0);
                                                      --相位累加器输出暂存
```

```
begin
    process(i_sys_rst, i_sys_clk)
        begin
            if (i_sys_rst = '1') then                --系统复位输入高有效
                r_dds_phase_accumulator <= "00" & x"000000";
                                                     --相位累加器输出暂存为 0
            elsif (i_sys_clk'event AND i_sys_clk = '1') then
                r_dds_phase_accumulator <= r_dds_phase_accumulator +
                                            i_dds_phase_accumulator_word;
                                                     --对相位累加器暂存进行累加操作
            end if;
        end process;
        o_dds_phase_accumulator <= r_dds_phase_accumulator;
                            --将相位累加器暂存结果赋值到相位累加器输出
end architecture behavior;
```

2) DDS 波形存储器 ROM(模块名：DDS_ROM_1024POINTS)

DDS 波形存储器 ROM 可以使用 MegaWizard Plug-In Manager 直接生成，这里选择波形数据输出量化位数为 10 位；ROM 存储深度为 1024，即 ROM 中存储的一个周期波形数据的点数为 1024 个，DDS 相位累加器输出的高 10 位作为 ROM 的输入地址。由于需要对 ROM 进行初始化(即将输出波形的一个周期的 1024 点数据存储在 ROM 中)，这里给出使用 Matlab 生成初始化文件 dds_rom_1024points.mif 的程序代码：

```
depth=1024;
widths=10;
N=0:1:1023;
s=sin(pi*N/512);
fidc = fopen('dds_rom_1024points.mif', 'wt');
fprintf(fidc, 'depth=%d; \n', depth);
fprintf(fidc, 'width=%d; \n', widths);
fprintf(fidc, 'address_radix=dec; \n');
fprintf(fidc, 'data_radix=dec; \n');
fprintf(fidc, 'Content Begin\n');
x=1:depth;
y=round((2^(widths-1)-1)*(sin(2*pi*(x-1)/1024)));
for(x=1:depth)
    if(y(x)<0)
        y(x) =(2^widths)+y(x); %16384
    end
end
for(x=1:depth)
```

```
        fprintf(fidc, '%d:%d; \n', x-1, y(x));
    end
    fprintf(fidc, 'end; ');
    fclose(fidc);
```

2. 锁定引脚

这里给出与本实验相关的 FPGA 引脚，根据前面章节介绍的方法，对相关引脚进行锁定后，通过编译就可以最终完成设计过程。FPGA 引脚分布如表 3.5 所示。

值得注意的是，DE0 实验板并不包含数/模转换(DAC)芯片，为了观察实验产生的波形，我们可以使用 FPGA 调试工具 SignalTap II 嵌入式逻辑分析仪进行逻辑分析。这里将本工程涉及的 DDS 波形 10 位输出接在了 DE0 实验板的 J4(GPIO0)的部分引脚上。

表 3.5 FPGA 引脚分配表

基础与扩展要求使用引脚			
信号名称	FPGA 引脚	信号名称	FPGA 引脚
i_sys_clk	PIN_G21	o_dds_value[5]	PIN_AA13
i_sys_rst	PIN_F1	o_dds_value[4]	PIN_AA10
o_dds_value[9]	PIN_AB16	o_dds_value[3]	PIN_AA8
o_dds_value[8]	PIN_AA16	o_dds_value[2]	PIN_AA5
o_dds_value[7]	PIN_AB15	o_dds_value[1]	PIN_AB4
o_dds_value[6]	PIN_AB14	o_dds_value[0]	PIN_AA4

3. SignalTap II 信号波形显示

通过 Quartus II 软件菜单项 File→New 选取 Verification/Debugging Files 类型下的 SignalTap II Logic Analyzer File，建立 SignalTap II 在线逻辑分析所需的文件。打开该文件会显示 SignalTap II 的操作界面。在操作界面的 Signal Configuration 标签页下选择 i_sys_clk 作为 Clock，其他选项保持不变；在 Signal Configuration 标签页左侧的 Setup 标签页中，点击空白处，在弹出的 Node Finder 标签页的 Filter 选项中选择 "Pins: all & Register: post-fitting"，然后点击 List 按键，选择 Nodes Found 下显示的 DDS_TOP 模块的 o_dds_value 信号和 DDS_PHASE_ACCUMULATOR 模块的 o_dds_phase_accumulator 信号，再点选旁边标有 ">" 符号的按键，添加到 Selected Nodes 框中，最后点击 OK 按钮，完成通过在线逻辑分析期望观察的信号。

点击 SignalTap II 文件窗口左上角 Instance Manager 旁边的第一个按钮，根据软件提示保存该文件设置；对工程进行重新编译后，在确保 DE0 实验板加电，与计算机连接好 USB 电缆并安装好 USB Blaster 驱动的前提下，在 SignalTap II 在线逻辑分析操作界面的右侧 JTAG Chain Configuration 标签页中，在 Hardware 选项下点击 Setup 按钮；在 Hardware Setup 标签页的 Hardware Settings 选项中，双击 USB-Blaster 添加仿真器到 Currently selected hardware 中，再退出该标签页；点击 Setup 按钮下的 Scan Chain 按钮，自动添加 Device，这时 JTAG Chain Configuration 会显示状态为 JTAG ready；在 SOF Manager 选项中使用最右侧按键添加工程编译后生成的以 .sof 为后缀的下载文件，然后点击与 SOF Manager 字样相邻右侧的第一个按钮，完成对 FPGA 的逻辑加载。

此时，SignalTap Ⅱ 处于随时可用状态，点击左上角 Instance Manager 旁边的第一个按键，在其下面的 Data 标签页中，分别在 o_dds_value 信号和 o_dds_phase_accumulator 信号上点击右键，在右键菜单中选择 Bus Display Format，将其显示类型设置为 Signed Line Chart 及 Unsigned Line Chart，最终可以观察到如图 3.7 所示的波形。

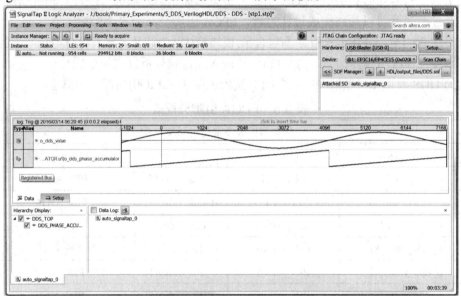

图 3.7　直接数字频率合成(DDS)波形发生器 SignalTap Ⅱ 在线逻辑分析波形图

如图 3.7 所示，本逻辑的波形输出结果确实是一个三角函数信号(sin/cos)。

第 4 章 EDA 中级实验

本章包含呼吸流水灯实验和通用异步串行收发(UART)实验。

本章实验仍然使用友晶公司 DE0 实验板完成，使用 Altera 公司的 Quartus Ⅱ 13.1 开发工具，Mentor 公司的 ModelSim-Altera 13.1 仿真工具进行开发仿真。本章的实验逻辑层次多为 3 层，即子逻辑模块由多个逻辑模块构成，同时在部分实验中引入了有限状态机(FSM)的设计理念，与第 3 章实验相比，功能和逻辑结构更加复杂，也具有更高的设计难度。但是值得注意的是，本章的所有实验在很多逻辑模块的设计技术上与第 3 章存在一定的继承性，希望使用本书的读者可以在活用第 3 章所学知识的基础上完成本章的实验。

本章实验的基本思路与第 3 章相同。希望读者在完成实验后按照与第 3 章相同的要求完成实验报告的撰写。

4.1 呼吸流水灯实验

4.1.1 实验要求

1. 基本要求

设计 FPGA 逻辑，以 10 Hz 的频率，如图 4.1 所示(白色代表未点亮，绿色代表点亮，颜色越浅代表亮度越高)，点亮 DE0 实验板上的发光二极管 LED9~LED0，显示过程中各个点亮的发光二极管的亮度呈现出明暗变化，形似呼吸。

2. 扩展要求

设计 FPGA 逻辑，在满足基本要求产生发光二极管规定显示样式的前提下，简化逻辑结构(提示：使用存储器保存显示样式)，并产生更多的发光二极管显示样式。

4.1.2 实验基本要求的设计示例

如图 4.2 所示，为了完成实验的基本要求，整个系统应该由流水灯分频器、PWM 分频器、流水灯计数器、流水灯 PWM 显示输出器及 LED PWM 显示输出器逻辑电路构成，这里 LED PWM 显示输出器逻辑电路实际上就是实验 3.4 脉宽调制(PWM)实验实现基本要求所设计的逻辑，不同之处在于将 PWM 设定值的输入由波动开关 SW6~SW0 改为流水灯

PWM 显示输出器的 7 bit 数值，下面将对系统的逻辑设计、锁定引脚进行详细描述。

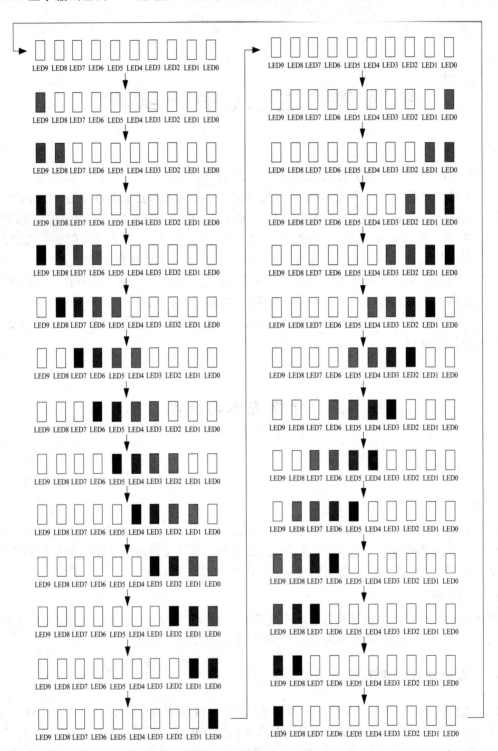

图 4.1 呼吸流水灯显示样式图

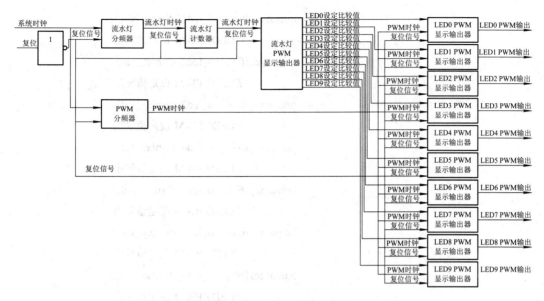

图 4.2 呼吸流水灯设计示意图

1. 逻辑设计

1) 流水灯分频器与 PWM 分频器(模块名：FREQUENCY_DIVIDER)

由于本实验中所采用的流水灯分频器与 PWM 分频器及流水灯实验所采用的分频器具有相同的逻辑结构，故这里不作详细介绍。但是注意需要按照题目对显示频率的要求调整分频器的计数器设定值，为了保证每个 LED 的 PWM 输出能够有效显示，即流水灯样式刷新率不大于 PWM 的实际输出频率，这里设定流水灯分频器输出频率为 10 Hz，PWM 分频器输出频率为 1000 Hz(即实际 PWM 输出频率为 10 Hz)。

2) 流水灯计数器(模块名：LAMP_COUNTER)

本设计中所使用的计数器与流水灯实验中所使用的计数器具有相似的逻辑结构，故这里不作详细介绍。但是考虑到显示样式的增加，需要将模值调整为 28(0~27)。

3) 流水灯 PWM 显示输出器(模块名：LAMP_PWM_DISPLAY)

流水灯 PWM 显示输出器与七段数码管显示转换器存在一定的技术联系，但是针对每个 LED 灯的控制变量的位数不再是 1 bit，而是为了保证对亮度的控制变为 7 bit。为了保证显示效果，这里将 5 个不同的 LED 显示亮度对应的 PWM 占空比设置为 0%(LED 全灭)、1%(LED 最暗)、5%(LED 次暗)、35%(LED 次亮)、70%(LED 最亮)。由于逻辑代码长度和篇幅关系，下面我们分别给出流水灯 PWM 显示输出器的 Verilog HDL 和 VHDL 逻辑的主要源代码。

流水灯 PWM 显示输出器的 Verilog HDL 部分逻辑源代码：

```verilog
module LAMP_PWM_DISPLAY (
                    input   [5:0] i_lamp_val,      //计数器数值输入
                    input   i_sys_rst,             //系统复位输入
                    output reg[6:0]  o_led0_display_val,
                                                   //LED0 PWM 设定值输出
```

```verilog
                    output reg[6:0]    o_led1_display_val,    //LED1 PWM 设定值输出
                    output reg[6:0]    o_led2_display_val,    //LED2 PWM 设定值输出
                    output reg[6:0]    o_led3_display_val,    //LED3 PWM 设定值输出
                    output reg[6:0]    o_led4_display_val,    //LED4 PWM 设定值输出
                    output reg[6:0]    o_led5_display_val,    //LED5 PWM 设定值输出
                    output reg[6:0]    o_led6_display_val,    //LED6 PWM 设定值输出
                    output reg[6:0]    o_led7_display_val,    //LED7 PWM 设定值输出
                    output reg[6:0]    o_led8_display_val,    //LED8 PWM 设定值输出
                    output reg[6:0]    o_led9_display_val     //LED9 PWM 设定值输出
                    );

    parameter   brightness_level0 = 7'd0,      //LED 全灭
                brightness_level1 = 7'd1,      //LED 最暗
                brightness_level2 = 7'd5,      //LED 次暗
                brightness_level3 = 7'd35,     //LED 次亮
                brightness_level4 = 7'd70;     //LED 最亮

    always @ (i_sys_rst or i_lamp_val)
    begin
        if(i_sys_rst)begin                    //当系统复位输入高有效时
            o_led0_display_val <= brightness_level0;
            o_led1_display_val <= brightness_level0;
            o_led2_display_val <= brightness_level0;
            o_led3_display_val <= brightness_level0;
            o_led4_display_val <= brightness_level0;
            o_led5_display_val <= brightness_level0;
            o_led6_display_val <= brightness_level0;
            o_led7_display_val <= brightness_level0;
            o_led8_display_val <= brightness_level0;
```

```verilog
            o_led9_display_val <= brightness_level0;
                                        //所有 LED 全灭
end else begin
    case(i_lamp_val)                    //根据计数器输入值进行显示
        6'd0:begin
                o_led0_display_val <= brightness_level0;
                o_led1_display_val <= brightness_level0;
                o_led2_display_val <= brightness_level0;
                o_led3_display_val <= brightness_level0;
                o_led4_display_val <= brightness_level0;
                o_led5_display_val <= brightness_level0;
                o_led6_display_val <= brightness_level0;
                o_led7_display_val <= brightness_level0;
                o_led8_display_val <= brightness_level0;
                o_led9_display_val <= brightness_level0;
            end
        6'd1:begin
                o_led0_display_val <= brightness_level0;
                o_led1_display_val <= brightness_level0;
                o_led2_display_val <= brightness_level0;
                o_led3_display_val <= brightness_level0;
                o_led4_display_val <= brightness_level0;
                o_led5_display_val <= brightness_level0;
                o_led6_display_val <= brightness_level0;
                o_led7_display_val <= brightness_level0;
                o_led8_display_val <= brightness_level0;
                o_led9_display_val <= brightness_level4;
            end
        ...
        6'd27:begin
                o_led0_display_val <= brightness_level0;
                o_led1_display_val <= brightness_level0;
                o_led2_display_val <= brightness_level0;
                o_led3_display_val <= brightness_level0;
                o_led4_display_val <= brightness_level0;
                o_led5_display_val <= brightness_level0;
                o_led6_display_val <= brightness_level0;
                o_led7_display_val <= brightness_level0;
```

```
                              o_led8_display_val <= brightness_level0;
                              o_led9_display_val <= brightness_level1;
                    end
              default:begin
                              o_led0_display_val <= brightness_level0;
                              o_led1_display_val <= brightness_level0;
                              o_led2_display_val <= brightness_level0;
                              o_led3_display_val <= brightness_level0;
                              o_led4_display_val <= brightness_level0;
                              o_led5_display_val <= brightness_level0;
                              o_led6_display_val <= brightness_level0;
                              o_led7_display_val <= brightness_level0;
                              o_led8_display_val <= brightness_level0;
                              o_led9_display_val <= brightness_level0;
                    end
              endcase
        end
  end

  endmodule
```

流水灯 PWM 显示输出器的 VHDL 部分逻辑源代码：

```vhdl
    library IEEE;
    use IEEE.std_logic_1164.all;
    use IEEE.std_logic_arith.all;
    use IEEE.std_logic_unsigned.all;

    entity LAMP_PWM_DISPLAY is
        generic(           --参数设置
                 brightness_level0: STD_LOGIC_VECTOR (6 downto 0) := "000" & x"0";
                                                                    --LED 全灭
                 brightness_level1: STD_LOGIC_VECTOR (6 downto 0) := "000" & x"1";
                                                                    --LED 最暗
                 brightness_level2: STD_LOGIC_VECTOR (6 downto 0) := "000" & x"5";
                                                                    --LED 次暗
                 brightness_level3: STD_LOGIC_VECTOR (6 downto 0) := "010" & x"3";
                                                                    --LED 次亮
                 brightness_level4: STD_LOGIC_VECTOR (6 downto 0) := "100" & x"6"
                                                                    --LED 最亮
                );
```

```vhdl
    port(                                              --输入输出变量
        i_lamp_val: in STD_LOGIC_VECTOR (5 downto 0);  --计数器数值输入
        i_sys_rst: in STD_LOGIC;                       --系统复位输入
        o_led0_display_val: out STD_LOGIC_VECTOR (6 downto 0);
                                                       --LED0 PWM 设定值输出
        o_led1_display_val: out STD_LOGIC_VECTOR (6 downto 0);
                                                       --LED1 PWM 设定值输出
        o_led2_display_val: out STD_LOGIC_VECTOR (6 downto 0);
                                                       --LED2 PWM 设定值输出
        o_led3_display_val: out STD_LOGIC_VECTOR (6 downto 0);
                                                       --LED3 PWM 设定值输出
        o_led4_display_val: out STD_LOGIC_VECTOR (6 downto 0);
                                                       --LED4 PWM 设定值输出
        o_led5_display_val: out STD_LOGIC_VECTOR (6 downto 0);
                                                       --LED5 PWM 设定值输出
        o_led6_display_val: out STD_LOGIC_VECTOR (6 downto 0);
                                                       --LED6 PWM 设定值输出
        o_led7_display_val: out STD_LOGIC_VECTOR (6 downto 0);
                                                       --LED7 PWM 设定值输出
        o_led8_display_val: out STD_LOGIC_VECTOR (6 downto 0);
                                                       --LED8 PWM 设定值输出
        o_led9_display_val: out STD_LOGIC_VECTOR (6 downto 0)
                                                       --LED9 PWM 设定值输出
    );
end entity LAMP_PWM_DISPLAY;

architecture behavior of LAMP_PWM_DISPLAY is
begin
    process(i_sys_rst, i_lamp_val)
    begin
        if(i_sys_rst = '1') then                       --当系统复位高有效时
            o_led0_display_val <= brightness_level0;
            o_led1_display_val <= brightness_level0;
            o_led2_display_val <= brightness_level0;
            o_led3_display_val <= brightness_level0;
            o_led4_display_val <= brightness_level0;
            o_led5_display_val <= brightness_level0;
            o_led6_display_val <= brightness_level0;
            o_led7_display_val <= brightness_level0;
```

```
                    o_led8_display_val <= brightness_level0;
                    o_led9_display_val <= brightness_level0;
            else
                case i_lamp_val is          --根据计数器输入值进行显示
                    when "00" & x"0" =>  o_led0_display_val <= brightness_level0;
                                         o_led1_display_val <= brightness_level0;
                                         o_led2_display_val <= brightness_level0;
                                         o_led3_display_val <= brightness_level0;
                                         o_led4_display_val <= brightness_level0;
                                         o_led5_display_val <= brightness_level0;
                                         o_led6_display_val <= brightness_level0;
                                         o_led7_display_val <= brightness_level0;
                                         o_led8_display_val <= brightness_level0;
                                         o_led9_display_val <= brightness_level0;

                    when "00" & x"1" =>  o_led0_display_val <= brightness_level0;
                                         o_led1_display_val <= brightness_level0;
                                         o_led2_display_val <= brightness_level0;
                                         o_led3_display_val <= brightness_level0;
                                         o_led4_display_val <= brightness_level0;
                                         o_led5_display_val <= brightness_level0;
                                         o_led6_display_val <= brightness_level0;
                                         o_led7_display_val <= brightness_level0;
                                         o_led8_display_val <= brightness_level0;
                                         o_led9_display_val <= brightness_level4;

                    when "01" & x"b" =>  o_led0_display_val <= brightness_level0;
                                         o_led1_display_val <= brightness_level0;
                                         o_led2_display_val <= brightness_level0;
                                         o_led3_display_val <= brightness_level0;
                                         o_led4_display_val <= brightness_level0;
                                         o_led5_display_val <= brightness_level0;
                                         o_led6_display_val <= brightness_level0;
                                         o_led7_display_val <= brightness_level0;
                                         o_led8_display_val <= brightness_level0;
                                         o_led9_display_val <= brightness_level1;

                    when others =>  o_led0_display_val <= brightness_level0;
                                    o_led1_display_val <= brightness_level0;
```

o_led2_display_val <= brightness_level0;
o_led3_display_val <= brightness_level0;
o_led4_display_val <= brightness_level0;
o_led5_display_val <= brightness_level0;
o_led6_display_val <= brightness_level0;
o_led7_display_val <= brightness_level0;
o_led8_display_val <= brightness_level0;
o_led9_display_val <= brightness_level0;
   end case;
  end if;
 end process;
end architecture behavior;

4) LED PWM 显示输出器(模块名：PWM_LED_OUT)

LED PWM 显示输出器逻辑电路实际上就是"实验 3.4 脉宽调制(PWM)实验"实现基本要求所设计的逻辑，不同之处在于将 PWM 设定值的输入由波动开关 SW6～SW0 改为流水灯 PWM 显示输出器的 7 bit 数值，相关逻辑请参考实验 3.4，这里不再给出具体的逻辑源代码。

2. 锁定引脚

本小节给出与本实验相关的 FPGA 引脚，根据前面章节介绍的方法，对相关引脚进行锁定后，通过编译就可以最终完成设计过程。FPGA 引脚分布如表 4.1 所示。

表 4.1 FPGA 引脚分配表

基础与扩展要求使用引脚	
信号名称	FPGA 引脚
i_sys_clk	PIN_G21
i_sys_rst	PIN_F1
o_lamp_display_val[9]	PIN_B1
o_lamp_display_val[8]	PIN_B2
o_lamp_display_val[7]	PIN_C2
o_lamp_display_val[6]	PIN_C1
o_lamp_display_val[5]	PIN_E1
o_lamp_display_val[4]	PIN_F2
o_lamp_display_val[3]	PIN_H1
o_lamp_display_val[2]	PIN_J3
o_lamp_display_val[1]	PIN_J2
o_lamp_display_val[0]	PIN_J1

4.2 通用异步串行收发(UART)实验

4.2.1 实验要求

1. 基本要求

设计 FPGA 逻辑，接收由计算机以 9600 b/s 波特率通过通用异步串行接口(UART)发送的数据(即设计 UART 数据接收器)；将接收数据结果以十六进制形式显示在七段数码管 HEX1~HEX0 上(显示范围为 0x00~0xFF)，将当前接收总次数以十进制形式显示在七段数码管 HEX3~HEX2 上(显示范围为 00~99)；当接收总次数超过 99 次时显示翻转回 00，反复重复这个过程。

2. 扩展要求

设计 FPGA 逻辑，将接收到的由计算机以 9600 b/s 波特率通过 UART 发送的数据发送回计算机(即设计 UART 数据发送器)，在更多的波特率(4800 b/s、19 200 b/s、38 400 b/s 等)下重复该实验。

4.2.2 实验基本要求的设计示例

如图 4.3 所示，为了完成实验的基本要求，整个系统应该由 UART 接收器、UART 接收数据显示器及 UART 接收次数显示器逻辑电路构成，下面将对系统的逻辑设计、锁定引脚、实际验证进行描述。

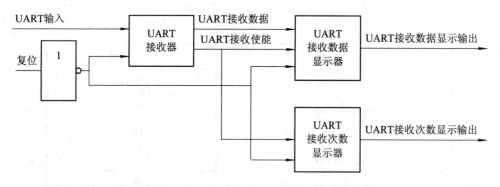

图 4.3 UART 数据接收系统设计示意图

1. 逻辑设计

1) UART 接收器(模块名：UART_RECEIVER)

UART 接收器用于接收由 UART 接口输入的串行数据，如图 4.4 所示，该模块主要由三部分构成：进行时钟同步以 D 触发器(模块名：D_FLIP_FLOP)为核心的单稳态触发器子模块、保证接收时序的 UART 状态机子模块(模块名：UART_RECEIVER_FSM)和提供必要延时的 UART 计数器子模块(模块名：UART_RECEIVER_COUNTER)。

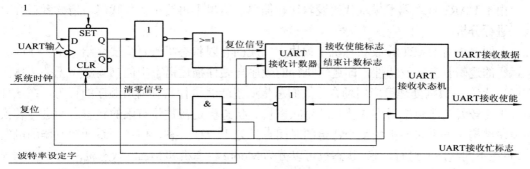

图 4.4　UART 数据接收器设计示意图

该模块接收 UART 数据的原理为：由单稳态触发器对 UART 接收开始信号(低电平)，进行时钟同步后，打开 UART 计数器，当该计数器计数到 1.5 波特率周期、2.5 波特率周期、3.5 波特率周期、4.5 波特率周期、5.5 波特率周期、6.5 波特率周期、7.5 波特率周期、8.5 波特率周期时对 UART 接收状态机输出接收数据使能信号，而 UART 接收状态机在 UART 计数器使能信号的激励下，接收 UART 串行数据的 0～7 位，并最终对外输出接收到的数据。UART 接收器模块的工作流程如图 4.5 所示。

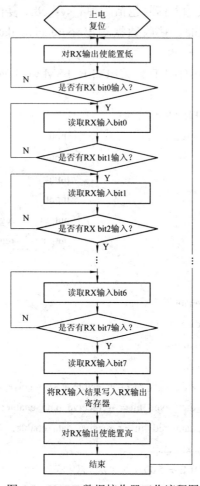

图 4.5　UART 数据接收器工作流程图

由于 UART 计数器子模块代码逻辑比较简单，这里不再给出具体代码，请读者自行对代码进行分析。

下面着重对 UART 接收状态机子模块中出现的有限状态机进行简要介绍。通常，FPGA 中运行的逻辑具有并发特性，即逻辑执行的顺序与硬件描述语言中的书写顺序无关。然而在接口读/写、数据处理等应用场合，人们总是期望能够执行具有前后顺序的行为，在这种情况下比较好的逻辑编写方式就是使用状态机。状态机是在数量有限的状态之间进行转换的逻辑结构。一个状态机在某个特定的时间点只处于一种状态，但在一系列触发器的触发下，将在不同状态间进行转换。状态机可以分为 Moore 状态机和 Mealy 状态机两大类。Moore 状态机的输出仅为当前状态的函数；而 Mealy 状态机的输出是当前状态和输入的函数。比较好的状态机书写方式为三段式状态机书写方式，即一个完整的状态机分为：当前状态段——下一状态段——产生输出段，其中第一段和第三段为时序逻辑，第二段为组合逻辑。使用该种状态机书写方式，虽然增加了代码结构的复杂性，但是能够使状态机做到同步寄存器输出，消除了组合逻辑输出的不稳定与毛刺的隐患，而且更利于时序路径分组，一般来说在 FPGA/CPLD 等可编程逻辑器件上的综合与布局布线效果更佳。

下面给出使用这种书写方式的 UART 接收状态机子模块的 Verilog HDL 和 VHDL 逻辑的状态机部分源代码。该模块输入信号包括时钟 i_sys_clk、复位 i_sys_rst、数据输入 i_RX、接收使能输入 i_receive_enable、接收数据输出 o_receive_data[7:0]、接收数据输出使能 o_receive_data_enable。

UART 接收状态机子模块(UART_RECEIVER_FSM.v)的 Verilog HDL 逻辑的状态机部分源代码：

```verilog
module UART_RECEIVER_FSM (
                input           i_sys_clk,
                input           i_sys_rst,
                input           i_RX,
                input           i_receive_enable,
                output reg[7:0] o_receive_data,
                output reg      o_receive_data_enable
                );

    reg         r_receive_enable;
    reg         r_receive_data_enable;
    reg [7:0]   r_receive_data;
    reg [3:0]   r_delay_count;
    wire        w_receive_enable = i_receive_enable & ~r_receive_enable;
    wire        w_receive_data_even_bit = ~r_receive_data_enable;
    wire        w_receive_data_odd_bit = r_receive_data_enable;
    reg [4:0]   r_state, r_next_state;
    parameter       IDLE = 5'd0,        //状态定义
                    D0REICEIVE = 5'd1,
```

```verilog
                    D1REICEIVE = 5'd2,
                    D2REICEIVE = 5'd3,
                    D3REICEIVE = 5'd4,
                    D4REICEIVE = 5'd5,
                    D5REICEIVE = 5'd6,
                    D6REICEIVE = 5'd7,
                    D7REICEIVE = 5'd8,
                    DATAIN     = 5'd9,
                    DATAOUT    = 5'd10,
                    END        = 5'd11;
always @ (posedge i_sys_rst or posedge i_sys_clk)
begin
    if(i_sys_rst)begin
        r_receive_enable <= 1'b0;
    end else begin
        r_receive_enable <= i_receive_enable;
    end
end
always @ (posedge i_sys_rst or posedge i_sys_clk)    //当前状态段
begin
    if(i_sys_rst)begin                               //当系统复位输入高有效时
        r_state <= IDLE;                             //当前状态为接收等待状态
    end else begin
        r_state <= r_next_state;                     //将下一状态内容传递给当前状态
    end
end

always @ (r_state or w_receive_enable or i_receive_enable)    //下一状态段
begin
    case(r_state)
        IDLE:begin              //收到接收使能信号，则下一状态进入接收数据第 0 位状态
            if(w_receive_enable)
                r_next_state = D0REICEIVE;
            else
                r_next_state = IDLE;
        end
        D0REICEIVE:begin        //收到接收使能信号，则下一状态进入接收数据第 1 位状态
            if(w_receive_enable)
                r_next_state = D1REICEIVE;
```

```verilog
                    else
                        r_next_state = D0REICEIVE;
                end
                ...    //省略,结构同上
                D7REICEIVE:begin            //下一状态进入接收数据输入状态
                    r_next_state = DATAIN;
                end
                DATAIN:begin                //下一状态进入接收数据输出状态
                    r_next_state = DATAOUT;
                end
                DATAOUT:begin               //下一状态进入接收结束状态
                    r_next_state = END;
                end
                END:begin                   //下一状态进入接收等待状态
                    r_next_state = IDLE;
                end
                default:begin               //下一状态进入接收等待状态
                    r_next_state = IDLE;
                end
            endcase
        end

        always @ (posedge i_sys_rst or posedge i_sys_clk) //产生输出段
        begin
            if(i_sys_rst)begin                      //当系统复位输入高有效时
                o_receive_data <= 8'd0;             //输出数据清 0
                o_receive_data_enable <= 1'b0;      //输出数据使能清 0
                r_receive_data_enable <= 1'b0;      //输入数据标志清 0
                r_receive_data <= 8'd0;             //输出数据暂存清 0
            end else begin
                case (r_state)
                    IDLE:begin
                        o_receive_data_enable <= 1'b0;   //输出数据使能清 0
                        r_receive_data_enable <= 1'b0;   //输入数据标志清 0
                    end
                    D0REICEIVE:begin
                        if(w_receive_data_even_bit)begin  //接收偶数位数据高有效
                            r_receive_data[0] <= i_RX;    //接收第 0 位数据
```

```verilog
                                r_receive_data_enable <= 1'b1;      //输入数据标志置1
                        end
                end
        D1REICEIVE:begin
                        if(w_receive_data_odd_bit)begin             //接收奇数位数据高有效
                                r_receive_data[1] <= i_RX;          //接收第1位数据
                                r_receive_data_enable <= 1'b0;      //输入数据标志清0
                        end
                end
        … //省略，结构同上
        D6REICEIVE:begin
                        if(w_receive_data_even_bit)begin
                                r_receive_data[6] <= i_RX;
                                r_receive_data_enable <= 1'b1;
                        end
                end
        D7REICEIVE:begin
                        if(w_receive_data_odd_bit )begin
                                r_receive_data[7] <= i_RX;
                                r_receive_data_enable <= 1'b0;
                        end
                end
        DATAIN:begin
                        o_receive_data <= r_receive_data;
                                        //将接收数据暂存内容输出到接收数据输出
                end
        DATAOUT:begin
                        o_receive_data_enable <= 1'b1;
                                        //接收数据输出置1
                end
        END:begin   end
        default:begin end
        endcase
    end
  end
endmodule
```

UART 接收状态机子模块(UART_RECEIVER_FSM.vhd)的 VHDL 逻辑的状态机部分源代码：

```vhdl
library IEEE;
use IEEE.std_logic_1164.all;
use IEEE.std_logic_arith.all;
use IEEE.std_logic_unsigned.all;              --库

entity UART_RECEIVER_FSM is                   --实体部分
    port(
            i_sys_clk: in STD_LOGIC;
            i_sys_rst: in STD_LOGIC;
            i_RX: in STD_LOGIC;
            i_receive_enable: in STD_LOGIC;
            o_receive_data: out STD_LOGIC_VECTOR (7 downto 0);
            o_receive_data_enable: out STD_LOGIC
    );
end entity UART_RECEIVER_FSM;
architecture behavor of UART_RECEIVER_FSM is  --结构体部分
    type state_type is ( IDLE, D0REICEIVE, D1REICEIVE, D2REICEIVE, D3REICEIVE,
D4REICEIVE, D5REICEIVE, D6REICEIVE, D7REICEIVE, DATAIN, DATAOUT, ENDR);
    --定义状态机状态构成
        signal r_state: state_type;                    --定义当前状态
        signal r_next_state: state_type;               --定义下一状态
        signal r_receive_enable: STD_LOGIC;
        signal w_receive_enable: STD_LOGIC;
        signal r_receive_data_enable: STD_LOGIC;
        signal w_receive_data_even_bit: STD_LOGIC;
        signal w_receive_data_odd_bit: STD_LOGIC;
        signal r_receive_data: STD_LOGIC_VECTOR (7 downto 0);
    begin   --结构体描述开始
        w_receive_data_even_bit <= NOT r_receive_data_enable;
        w_receive_data_odd_bit  <=  r_receive_data_enable;
        process(i_sys_rst, i_sys_clk)
            begin
                if (i_sys_rst = '1') then
                    r_receive_enable <= '0';
                elsif (i_sys_clk'event AND i_sys_clk = '1') then
                    r_receive_enable <= i_receive_enable;
                end if;
        end process;
        w_receive_enable <= i_receive_enable AND (NOT r_receive_enable);
```

```vhdl
process(i_sys_rst, i_sys_clk)                    --当前状态段进程
    begin
        if (i_sys_rst = '1') then                --当系统复位输入高有效时
            r_state <= IDLE;                     --当前状态为接收等待状态
        elsif (i_sys_clk'event AND i_sys_clk = '1') then
            r_state <= r_next_state;             --将下一状态内容传递给当前状态
        end if;
end process;

process(r_state, w_receive_enable, i_receive_enable )    --下一状态段进程
    begin
        case r_state is
            when IDLE =>
                    --收到接收使能信号，则下一状态进入接收数据第 0 位状态
                if(w_receive_enable = '1') then
                    r_next_state <= D0REICEIVE;
                else
                    r_next_state <= IDLE;
                end if;
            when D0REICEIVE =>
                    --收到接收使能信号，则下一状态进入接收数据第 1 位状态
                if(w_receive_enable = '1') then
                    r_next_state <= D1REICEIVE;
                else
                    r_next_state <= D0REICEIVE;
                end if;
            …          --省略，结构同上
            when D7REICEIVE =>      --下一状态进入接收数据输入状态
                    r_next_state <= DATAIN;
            when DATAIN =>          --下一状态进入接收数据输出状态
                    r_next_state <= DATAOUT;
            when DATAOUT =>         --下一状态进入接收结束状态
                    r_next_state <= ENDR;
            when ENDR =>            --下一状态进入接收等待状态
                    r_next_state <= IDLE;
            when others =>          --下一状态进入接收等待状态
                    r_next_state <= IDLE;
        end case;
```

```vhdl
end process;

process(i_sys_rst, i_sys_clk)                --产生输出段进程
    begin
        if (i_sys_rst = '1') then            --当系统复位输入高有效时
            o_receive_data <= x"00";         --输出数据清 0
            o_receive_data_enable <= '0';    --输出数据使能清 0
            r_receive_data_enable <= '0';    --输入数据标志清 0
            r_receive_data <= x"00";         --输出数据暂存清 0
        elsif (i_sys_clk'event AND i_sys_clk = '1') then
            case r_state is
                when IDLE =>
                    o_receive_data_enable <= '0';    --输出数据使能清 0
                    r_receive_data_enable <= '0';    --输入数据标志清 0
                when D0REICEIVE =>
                    if(w_receive_data_even_bit = '1') then  --接收偶数位数据高有效
                        r_receive_data(0) <= i_RX;          --接收第 0 位数据
                        r_receive_data_enable <= '1';       --输入数据标志置 1
                    end if;
                when D1REICEIVE =>
                    if(w_receive_data_odd_bit = '1') then   --接收奇数位数据高有效
                        r_receive_data(1) <= i_RX;          --接收第 1 位数据
                        r_receive_data_enable <= '0';       --输入数据标志清 0
                    end if;
                    …                        --省略，结构同上
                when DATAIN =>
                    o_receive_data <= r_receive_data;
                                             --将接收数据暂存内容输出到接收数据输出
                when DATAOUT =>
                    o_receive_data_enable <= '1';
                                             --接收数据输出置 1
                when ENDR =>
                    o_receive_data_enable <= '1';
                                             --接收数据输出置 1
                when others =>
                    o_receive_data_enable <= '0';
                                             --接收数据输出清 0
            end case;
        end if;
```

end process;

end architecture behavior;

2) UART 接收数据显示器(模块名：UART_RECEIVER_DATA_DISPLAY)

该模块将接收到的 8 位数据分为高 4 位和低 4 位，然后输入"计时器实验"中设计的七段数码管显示转换器模块(模块名：SEG_CONVERTER)。由于模块的结构比较简单，这里不再给出具体代码。值得注意的是，由于在本模块中，数值的显示范围由十进制(0~9)扩展为十六进制(0~F)，因而需要增加 A~F 的相应的显示转换状态。

3) UART 接收次数显示器(模块名：UART_RECEIVER_TIME_DISPLAY)

该模块结构与"计时器实验"的逻辑构成类似，这里不再详细分析和给出具体代码。

2. 锁定引脚

这里给出与本实验相关的 FPGA 引脚，根据前面章节介绍的方法，对相关引脚进行锁定后，通过编译就可以最终完成设计过程。FPGA 引脚分布如表 4.2 所示。

表 4.2 FPGA 引脚分配表

基础要求使用引脚	
信号名称	FPGA 引脚
i_RX	PIN_AA20
i_sys_clk	PIN_G21
i_sys_rst	PIN_F1
o_seg_display_val_a[6]	PIN_F13
o_seg_display_val_a[5]	PIN_F12
o_seg_display_val_a[4]	PIN_G12
o_seg_display_val_a[3]	PIN_H13
o_seg_display_val_a[2]	PIN_H12
o_seg_display_val_a[1]	PIN_F11
o_seg_display_val_a[0]	PIN_E11
o_seg_display_val_b[6]	PIN_A15
o_seg_display_val_b[5]	PIN_E14
o_seg_display_val_b[4]	PIN_B14
o_seg_display_val_b[3]	PIN_A14
o_seg_display_val_b[2]	PIN_C13
o_seg_display_val_b[1]	PIN_B13
o_seg_display_val_b[0]	PIN_A13
o_seg_display_val_c[6]	PIN_F14
o_seg_display_val_c[5]	PIN_B17

续表

信号名称	FPGA 引脚
o_seg_display_val_c[4]	PIN_A17
o_seg_display_val_c[3]	PIN_E15
o_seg_display_val_c[2]	PIN_B16
o_seg_display_val_c[1]	PIN_A16
o_seg_display_val_c[0]	PIN_D15
o_seg_display_val_d[6]	PIN_G15
o_seg_display_val_d[5]	PIN_D19
o_seg_display_val_d[4]	PIN_C19
o_seg_display_val_d[3]	PIN_B19
o_seg_display_val_d[2]	PIN_A19
o_seg_display_val_d[1]	PIN_F15
o_seg_display_val_d[0]	PIN_B18
扩展要求使用引脚	
UART 输出(i_TX)	PIN_AB20

为了测试方便，这里并没有将 UART 输入信号连接到 DE0 实验板的 RS-232 电平的 UART 专用输入引脚，而是连接到了 DE0 实验板的 GPIO 上，这样处理的具体原因将在下面实际验证部分给出。

3. 实际验证

与前面的实验有所不同，对该实验的运行结果进行观察时，除了在 DE0 实验板上正确地下载正确的工程烧写文件外，还需要在软件和硬件方面进行一定的准备。

首先，在硬件方面，考虑到当前的笔记本电脑很少自带串行(UART)接口，因而需要首先解决从电脑到 DE0 实验板的 UART 串行数据发送问题。UART 串行接口通常存在 3.3 V TTL、RS-232、RS-485 的传输电平，由于考虑到 DE0 实验板无法接收 RS-485 UART 串行数据，而 USB 转 RS-232 UART 串行数据的转换器比较昂贵(50～100 元)，因而在本实验中将对 DE0 的 UART 输入接在了 GPIO 上，这样仅需要如图 4.6 所示的 USB 转 3.3 V TTL UART 串行数据的转换器(5～20 元)。需要注意的是，在购买该转换器时，应主动向卖家取得在自身电脑搭载的操作系统(特别是 Windows 8.1、Windows 10)下可用的驱动程序。

图 4.6　USB 转 3.3 V TTL UART 转换

其次，在测试软件方面，推荐使用如图 4.7 所示的串口调试软件 SSCOM 4.2(当然也可以根据需要选择其他的串口调试软件，但是要特别注意与 Windows 8.1、Windows 10 等操作系统的兼容性)。这里将软件"波特率"设置为 9600，"数据位"为 8 位，"停止位"为 1 位，"校验位"和"流控"均为 None，并通过"串口号"下拉菜单选择与 USB-UART 转换器对应的串口号(建议在硬件管理器中确定)，再点击"打开串口"按钮，使串口处于工作状态。在发送数据前勾选"HEX 显示"和"HEX 发送"选项，在"字符串输入框"中输入任意的一个 8 位数据，通过点选"发送"按钮将 UART 串行数据发送到 DE0 实验板，实验板的七段数码管 HEX3～HEX2 将显示累计接收次数(0～99)，HEX1～HEX0 将显示接收到的数据数值(0x00～0xFF)。

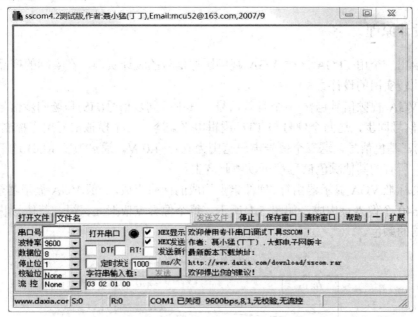

图 4.7　串口调试软件 SSCOM4.2

第 5 章 EDA 提高实验

5.1 VGA 视频信号产生实验

5.1.1 设计原理

本节给出一个用 FPGA 产生 VGA 视频图像信号的设计实例,在实际的产品设计中,这是一个比较实用的设计。

一组 VGA 视频信号包含 5 个有效信号。其中行同步信号(HS)和场同步信号(VS)用于 VGA 视频信号同步,这两个信号与 TTL 逻辑电平兼容。三个模拟信号用来控制红(R)、绿(G)、蓝(B)三基色信号,这三个信号电压范围为 0.7~1.0 V。通过改变 RGB 这三个模拟信号的电平,所有的其他颜色信号都可以由此产生。

常见的标准 VGA 显示器由行、列像素点构成的网格组成。一般 VGA 显示器至少由 480 行、每行 640 个像素点构成,如图 5.1 所示。每个像素点依据红、绿、蓝信号状态可以显示各种不同的颜色。

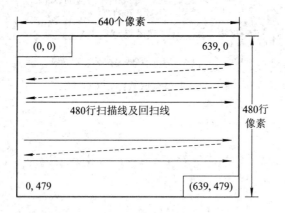

图 5.1 VGA 显示器扫描线示意图

每个 VGA 显示器都有内部同步时钟,该 VGA 时钟的工业标准频率为 25.175 MHz。在行同步和场同步信号的控制下,显示器可以一定的方式刷新屏幕。如图 5.1 所示,当第一个像素点(左上角(0, 0))被刷新以后,显示器继续刷新同一行上其他的像素点。当显示器收到一个行同步脉冲信号时,则开始刷新下一行上的像素点。当显示器扫描到屏幕底部且收到场同步脉冲信号时,显示器又开始从屏幕左上角第一个像素点开始刷新。图 5.2 图(a)、(b)所示为 VGA 行扫描、场扫描的时序图。

第 5 章 EDA 提高实验

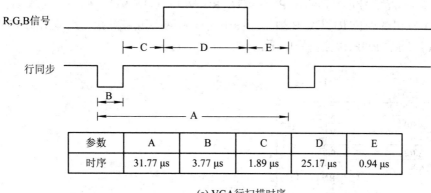

(a) VGA 行扫描时序

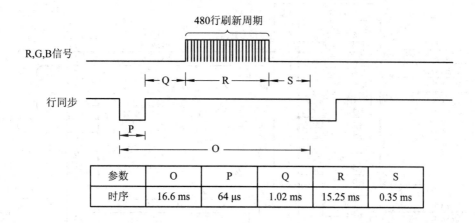

(b) VGA 场扫描时序

图 5.2 VGA 行、场扫描的时序图

VGA 内部工作频率及整个屏幕上的总像素点数决定了更新每个像素及整个屏幕所需时间。下面的公式可以用来计算显示器完成刷新的时间：

像素点刷新时间为

$$T_{pixel} = \frac{1}{f_{CLK}} = 40 \text{ ns}$$

行扫描时间为

$$T_{ROW} = A = B + C + D + E = (T_{pixel} \times 640 \text{ 像素点}) + 行扫描保护时间 = 31.77 \text{ μs}$$

屏幕扫描时间为

$$T_{screen} = O = P + Q + R + S = (T_{ROW} \times 480 \text{ 行}) + 场扫描保护时间 = 16.6 \text{ ms}$$

其中：$f_{CLK} = 25.175$ MHz。行扫描保护时间包括 B、C、E。场扫描保护时间包括 P、Q、S。

当显示器扫描到屏幕上的某个期望点时，通过发送红、绿、蓝、行同步及场同步信号即可在屏幕上输出图像。

图 5.3 所示为 DE0 开发板上 DB15 的 VGA 连接器信号引脚与 FPGA 信号之间的连接

原理图及VGA信号定义，VGA_R3～VGA_R0、VGA_G3～VGA_G0和VGA_B3～VGA_B0是FPGA输出的四位R、G、B数据。图中的电阻网络用来将FPGA输出的TTL信号转换为VGA所需的RGB模拟信号电压。

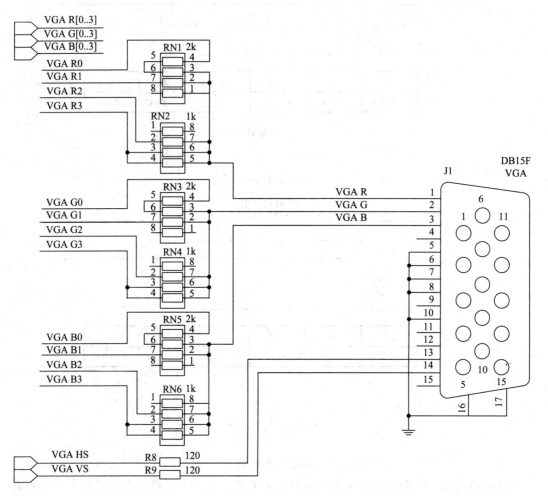

VGA DB15 连接器引脚信号		
信号名称		DB15 连接器引脚号
红	VGA_R	1
绿	VGA_G	2
蓝	VGA_B	3
地	GND	5, 6, 7, 8, 10(16, 17 为外壳)
行同步	VGA_HS	13
场同步	VGA_VS	14
无定义	无连接	4, 9, 11, 12, 15

图 5.3　VGA 接口 DB15 与 FPGA 连接图及信号定义

5.1.2 VGA 同步信号产生

使用 FPGA 实现 VGA 视频信号产生的原理框图如图 5.4 所示。其中 25.175 MHz 的时钟输入信号用来驱动 FPGA 内部计数器产生行、场同步信号。在 VGA_SYNC 模块内部还有 VGA 的行、列地址计数器。在某些设计应用中，还可以通过对行、列计数器计数时钟分频的方法降低像素点的分辨率。行、列地址计数器产生的地址用来寻址图像或字符数据存储器 RAM 或 ROM。

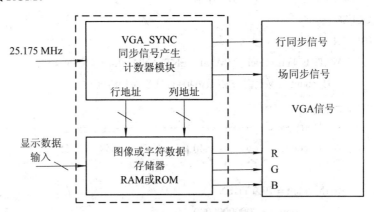

图 5.4　FPGA 产生 VGA 视频信号原理框图

下面是产生 VGA 同步信号时序的 VHDL 源程序 VGA_SYNC。其中 H_count 和 V_count 分别是用来产生行同步和场同步信号的 10 位二进制计数器，同时产生后面设计所需要的 RGB 数据存储器行、列地址的输出。

需要注意的是，VGA 工业标准显示模式要求行、场同步信号都为负极性，即 VGA 同步信号要求是负脉冲信号。

```
LIBRARY IEEE;
USE IEEE.STD_LOGIC_1164.all;
USE IEEE.STD_LOGIC_ARITH.all;
USE IEEE.STD_LOGIC_UNSIGNED.all;

-- VGA 同步信号产生
ENTITY VGA_SYNC IS
    PORT(clock_25Mhz                    : IN     STD_LOGIC;
         red, green, blue               : IN     STD_LOGIC_VECTOR(3 DOWNTO 0);
         red_out, green_out, blue_out   : OUT    STD_LOGIC_VECTOR(3 DOWNTO 0);
         horiz_sync_out, vert_sync_out  : OUT    STD_LOGIC;
         pixel_row, pixel_column        : OUT    STD_LOGIC_VECTOR(9 DOWNTO 0));
END VGA_SYNC;

ARCHITECTURE a OF VGA_SYNC IS
```

```vhdl
    SIGNAL horiz_sync, vert_sync                : STD_LOGIC;
    SIGNAL video_on, video_on_v, video_on_h : STD_LOGIC;
    SIGNAL h_count, v_count                     : STD_LOGIC_VECTOR(9 DOWNTO 0);
BEGIN
    --当显示 RGB 数据时 video_on 信号为高电平
    video_on <= video_on_H AND video_on_V;
--产生视频信号的行、场同步时序信号
    PROCESS
        BEGIN
            WAIT UNTIL(clock_25Mhz'EVENT) AND (clock_25Mhz='1');
            -- H_count 计数行像素点数(640+行同步保护时间)
            --
            --   Horiz_sync   ------------------------------------_____--------
            --   H_count       0       640              659      755       799
            --
            IF (h_count = 799) THEN
                h_count <= "0000000000";
            ELSE
                h_count <= h_count + 1;
            END IF;
            --产生行同步信号
            IF (h_count <= 755) AND (h_count >= 659) THEN
                horiz_sync <= '0';
            ELSE
                horiz_sync <= '1';
            END IF;
            --V_count 计数列像素点数(480+场同步保护时间)
            --
            --   Vert_sync    ----------------------------------_____------------
            --   V_count       0       480              493-494         524
            --
            IF (v_count >= 524) AND (h_count >= 699) THEN
                v_count <= "0000000000";
            ELSIF (h_count = 699) THEN
                v_count <= v_count + 1;
            END IF;
             --产生场同步信号
            IF (v_count <= 494) AND (v_count >= 493) THEN
```

```
                vert_sync <= '0';
        ELSE
                vert_sync <= '1';
        END IF;
        --产生屏幕上像素点显示的视频范围
        IF (h_count <= 639) THEN
                video_on_h <= '1';
                pixel_column <= h_count;
        ELSE
                video_on_h <= '0';
        END IF;
        IF (v_count <= 479) THEN
                video_on_v <= '1';
                pixel_row <= v_count;
        ELSE
                video_on_v <= '0';
        END IF;
                --所有视频信号都通过 D 触发器
                --避免由于逻辑时延导致的图像模糊
                --利用 D 触发器使所有的输出信号同步
                --超出显示范围时关闭 RGB 输出
        IF (video_on='1') THEN
                red_out    <= red;
                green_out  <= green;
                blue_out   <= blue;
        ELSE
                red_out    <= "0000";
                green_out  <= "0000";
                blue_out   <= "0000";
        END IF;
        horiz_sync_out <= horiz_sync;
        vert_sync_out  <= vert_sync;
    END PROCESS;
END a;
```

VGA_SYNC 模块输出的 RGB 及同步信号可以直接与图 5.3 所示 VGA 接口的 DB15 上的对应信号相接。下面给出两个 FPGA 控制视频显示的简单实例。

1. FPGA 控制视频显示实例 1(如图 5.5 所示)

当在 VGA_SYNC 模块的 red[3..0]输入信号端通过 DE0 开发板上的四个拨动开关

sw[3..0]输入一组控制信号时,VGA 屏幕将根据 sw[3..0]从 0000～1111 周期性地由黑到红逐渐变化。注意 clock_25Mhz 为输入 25 MHz 时钟信号,可以通过 DE0 开发板上的 50 MHz 时钟分频直接得到。

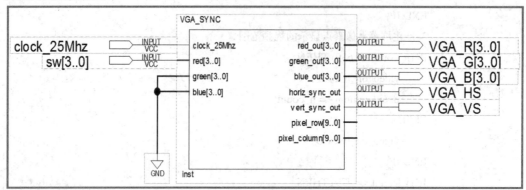

图 5.5　FPGA 控制视频显示实例 1

2. FPGA 控制视频显示实例 2(如图 5.6 所示)

VGA_SYNC 模块还可以输出像素点的行、列地址(Pixel_row 和 Pixel_column),用来产生用户逻辑所需的 RGB 数据。本例简单地应用 Pixel_column 输出的 10 位列数据分别作为 RGB 输入数据,如图 5.6 所示,VGA_SYNC 模块的 red[3..0]输入连接 Pixel_column[3..0]; green[3..0]连接 Pixel_column[7..4];blue[3..0]连接 Pixel_column[9..6]。下载到开发板上后,在屏幕上可以看到显示的彩条,如图 5.7 所示。读者可以选择连接 Pixel_row 输出信号看屏幕上的显示结果。

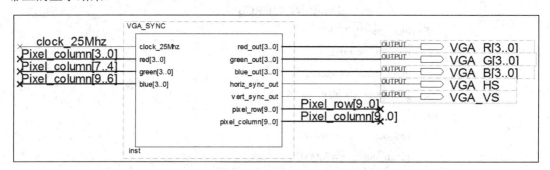

图 5.6　FPGA 控制视频显示实例 2

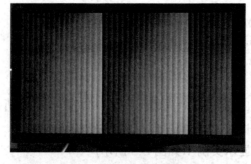

图 5.7　屏幕上显示的彩条

5.1.3 字符的视频显示设计

在 VGA 屏幕刷新的同时，要在屏幕上显示字符，必须建立一个字符存储器。通过字符存储器中存储字符的 0、1 状态，改变屏幕上像素点的颜色，从而达到显示字符的目的。如图 5.8 所示，给出了一个 8×8 字体 "A" 的视频显示。

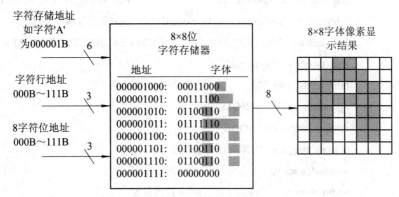

图 5.8　FPGA 实现视频字符显示

在 FPGA 中实现字符存储器的 VHDL 源程序如下：

```
LIBRARY IEEE;
USE    IEEE.STD_LOGIC_1164.all;
USE    IEEE.STD_LOGIC_ARITH.all;
USE    IEEE.STD_LOGIC_UNSIGNED.all;

LIBRARY altera_mf;        --Altera 参数化模块库
USE altera_mf.altera_mf_components.all;

ENTITY Char_ROM IS
    PORT(   character_address   : IN    STD_LOGIC_VECTOR(5 DOWNTO 0);
            font_row, font_col  : IN    STD_LOGIC_VECTOR(2 DOWNTO 0);
            clock               : IN    STD_LOGIC;
            rom_mux_output      : OUT   STD_LOGIC);
END Char_ROM;

ARCHITECTURE a OF Char_ROM IS
    SIGNAL   rom_data         : STD_LOGIC_VECTOR(7 DOWNTO 0);
    SIGNAL   rom_address      : STD_LOGIC_VECTOR(8 DOWNTO 0);
BEGIN
            --用于视频显示的 8×8 字符存储器 ROM
            --每个字符占用 8 个 8 位的像素点
```

```vhdl
    char_gen_rom : altsyncram
    GENERIC MAP (
        address_aclr_a => "NONE",
        clock_enable_input_a => "BYPASS",
        clock_enable_output_a => "BYPASS",
        init_file => "TCGROM.MIF",              --ROM 初始化文件 TCGROM.MIF
        intended_device_family => "Cyclone III",    --DE0 开发板上 FPGA
        lpm_hint => "ENABLE_RUNTIME_MOD=YES, INSTANCE_NAME=CHAR",
        lpm_type => "altsyncram",
        numwords_a => 512,                      --512 个字节
        operation_mode => "ROM",
        outdata_aclr_a => "NONE",
        outdata_reg_a => "UNREGISTERED",
        widthad_a => 9,                         --地址宽度
        width_a => 8,                           --数据位宽
        width_byteena_a => 1
    )
    PORT MAP (
        address_a => rom_address,
        clock0 => clock,
        q_a => rom_data
    );
rom_address <= character_address & font_row;
--调整字符显示顺序
rom_mux_output <= rom_data ( (CONV_INTEGER(NOT font_col(2 DOWNTO 0))));
END a;
```

其中初始化文件 TCGROM.mif 通过 Quartus Ⅱ EDA 软件的存储器编辑器产生。其中存储的内容可以由用户自己编辑，本例中 ROM 为 512×8 位，每个符号占用 ROM 的 8×8 位，其初始化文件格式为

```
Depth = 512;    %ROM 存储字深度
Width = 8;      %ROM 存储字的位数
Address_radix = oct;    %地址表示格式，oct 为八进制格式
Data_radix = bin;       %数据表示格式，bin 为二进制格式
% Character Generator ROM Data %
Content     %关键词
  Begin     %开始
000 : 00111100 ; %    ****    %
001 : 01100110 ; %   **  **   %
```

```
002    : 01101110 ; %     ** ***      %
003    : 01101110 ; %     ** ***      %
004    : 01100000 ; %     **          %
005    : 01100010 ; %     **    *     %
006    : 00111100 ; %      ****       %
007    : 00000000 ; %                 %
%-----------------------------------%
010    : 00011000 ; %       **        %
011    : 00111100 ; %      ****       %
012    : 01100110 ; %     **  **      %
013    : 01111110 ; %     ******      %
014    : 01100110 ; %     **  **      %
015    : 01100110 ; %     **  **      %
016    : 01100110 ; %     **  **      %
017    : 00000000 ; %                 %
%-----------------------------------%
020    : 01111100 ; %     *****       %
021    : 01100110 ; %     **  **      %
022    : 01100110 ; %     **  **      %
023    : 01111100 ; %     *****       %
024    : 01100110 ; %     **  **      %
025    : 01100110 ; %     **  **      %
026    : 01111100 ; %     *****       %
027    : 00000000 ; %                 %
%-----------------------------------%
%....读者自己补充中间部分      %
%-----------------------------------%
770    : 01111110 ; %     ******      %
771    : 01100000 ; %     **          %
772    : 01100000 ; %     **          %
773    : 01111000 ; %     ****        %
774    : 01100000 ; %     **          %
775    : 01100000 ; %     **          %
776    : 01100000 ; %     **          %
777    : 00000000 ; %                 %
 End;    %初始化文件结束%
```

存储器初始化文件 TCGROM.mif 中所编辑的 8×8 字符地址及显示字符的对应关系如表 5.1 所示。

表 5.1 存储器初始化文件中 8×8 字体存储格式

字符	地址	字符	地址	字符	地址	字符	地址
@	00	P	20	Space	40	0	60
A	01	Q	21	!	41	1	61
B	02	R	22	"	42	2	62
C	03	S	23	#	43	3	63
D	04	T	24	$	44	4	64
E	05	U	25	%	45	5	65
F	06	V	26	&	46	6	66
G	07	W	27	'	47	7	67
H	10	X	30	(	50	8	70
I	11	Y	31	)	51	9	71
J	12	Z	32	*	52	A	72
K	13	[	33	+	53	B	73
L	14	↓	34	,	54	C	74
M	15	]	35	-	55	D	75
N	16	↑	36	.	56	E	76
O	17	←	37	/	57	F	77

图 5.9 所示为 VGA 字符显示实例的 Quartus II 软件原理图。

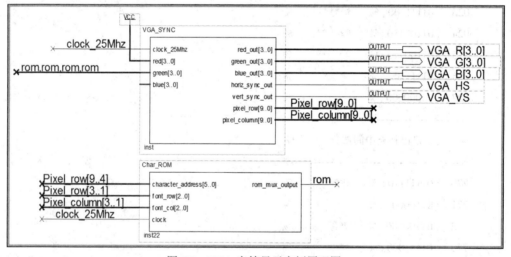

图 5.9 VGA 字符显示实例原理图

使用 VGA_SYNC 和 Char_ROM 两个模块，我们可以实现在 VGA 上的文本显示设计，其连线如图 5.9 所示。Char_ROM 中包含 64 个 8×8 像素点的字符数据(如前面 TCGROM.mif 初始化文件内容所示)。为了简单起见，本例中直接把 VGA_SYNC 模块的 red[3..0]输入连接到高电平，也可以将 blue[3..0]直接连接到高电平；图 5.9 中将 green[3..0]的四位信号都连接到了 Char_ROM 的输出 rom 上。由于 Char_ROM 模块的 font_row[2..0]和 font_col[2..0]输入的是 VGA_SYNC 产生的屏幕像素点行、列地址的 3～1 位，跳过了第 0 位，所以，本例在 640×480 的屏幕上每个字符以 16×16 个像素点显示。本例下载到 DE0 开发板上的 VGA 显示结果如图 5.10 所示。

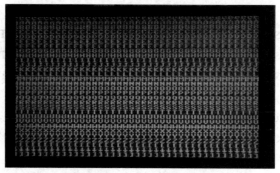

图 5.10 VGA 字符显示结果

5.1.4 跳动的矩形块视频显示设计

本例可以在 VGA 屏幕上显示一个上下弹跳的红色矩形块，如图 5.11 所示。

由 VGA_SYNC 模块产生的 Pixel_row 信号确定矩形块在屏幕上的当前行，Pixel_column 信号确定矩形块在屏幕上的当前列。下面给出的 VHDL 源程序中的 RGB_Display 进程产生白色背景中跳动的红色矩形块，其中 Square_X_pos 和 Square_Y_pos 信号表示矩形块中心所在的位置，Size 表示矩形块大小。

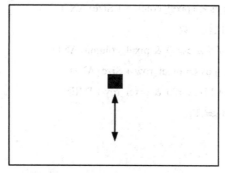

图 5.11 VGA 显示弹跳的矩形块

屏幕上跳动的矩形块的 VHDL 源文件：

```
LIBRARY IEEE;
USE IEEE.STD_LOGIC_1164.all;
USE IEEE.STD_LOGIC_ARITH.all;
USE IEEE.STD_LOGIC_SIGNED.all;

ENTITY square IS
    PORT(pixel_row, pixel_column         : IN    STD_LOGIC_VECTOR(9 DOWNTO 0);
         vert_sync_in                    : IN    STD_LOGIC;
         Red_Data, Green_Data, Blue_Data : OUT   STD_LOGIC_VECTOR(3 DOWNTO 0));
END square;
```

```vhdl
ARCHITECTURE behavior OF ball IS
        --视频显示信号声明
    SIGNAL   Square_on                          : STD_LOGIC;
    SIGNAL Size                                 : STD_LOGIC_VECTOR (9 DOWNTO 0);
    SIGNAL Square _Y_motion                     : STD_LOGIC_VECTOR (9 DOWNTO 0);
    SIGNAL Square _Y_pos, Square _X_pos         : STD_LOGIC_VECTOR (9 DOWNTO 0);
BEGIN
    Size <= CONV_STD_LOGIC_VECTOR(8, 10);              --矩形块大小
    Square _X_pos <= CONV_STD_LOGIC_VECTOR(320, 10); --矩形块在屏幕上的 X 轴位置
    --视频信号中像素数据的颜色
    Red_Data <=    '1';
    --显示时关闭绿色和蓝色
    Green_Data <= "0000" WHEN Square_on='1' ELSE "1111";
    Blue_Data <= "0000" WHEN Square_on='1' ELSE "1111";

    RGB_Display: PROCESS (Square_X_pos, Square_Y_pos, pixel_column, pixel_row, Size)
BEGIN
            --设置 Square_on ='1'显示矩形块
    IF ('0' & Square_X_pos <= pixel_column + Size) AND
            --仅比较正数
    (Square_X_pos + Size >= '0' & pixel_column) AND
    ('0' & Square_Y_pos <= pixel_row + Size) AND
    (Square_Y_pos + Size >= '0' & pixel_row) THEN
        Square_on <= '1';
    ELSE
        Square_on <= '0';
    END IF;
END process RGB_Display;

Move_Square: PROCESS
BEGIN
    --每次场扫描后移动一次矩形块的位置
    WAIT UNTIL vert_sync_in'EVENT AND vert_sync_in = '1';
        --矩形块到达屏幕的顶部或底部后弹开
        IF ('0' & Square _Y_pos) >= CONV_STD_LOGIC_VECTOR(480, 10) - Size THEN
            Square_Y_motion <= -CONV_STD_LOGIC_VECTOR(2, 10);
        ELSIF Square_Y_pos <= Size THEN
            Square_Y_motion <= CONV_STD_LOGIC_VECTOR(2, 10);
        END IF;
```

--计算矩形块的下一次 Y 位置
Square_Y_pos <= Square_Y_pos + Square_Y_motion;
END PROCESS Move_Square;
END behavior;

上面的 VHDL 代码符号与 VGA_SYNC 模块的连接原理图如图 5.12 所示。

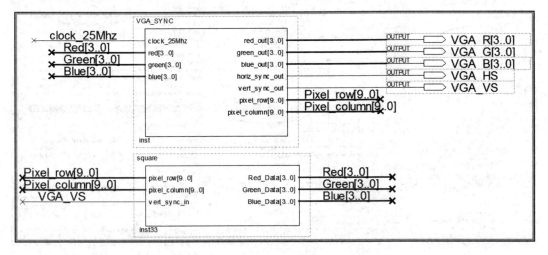

图 5.12 VGA 显示弹跳的矩形块原理图

5.2 Qsys 用户自定制外设实验

5.2.1 Qsys 用户自定制元件说明

随着基于 FPGA 的 SOPC/Qsys 技术已经成为 SOC 设计的趋势，Altera 公司 Quartus Ⅱ 软件集成的 Qsys(低版本为 SOPC Builder)不但可以方便地调用集成外设元件构建 SOPC/Qsys 系统，如 Nios Ⅱ Processor、JTAG UART、SDRAM 等，这些在 Qsys 的资源库中具有集成的组件都可以直接调用。而在有些情况下，如果资源库中不存在用户所需添加的外设组件(非通用外设元件)时，则需要用户在 Qsys(或 SOPC Builder)中自定制外设组件。

在 Qsys 或 SOPC Builder 中添加外设一般有两种方法：

(1) 如果外设仅需要通过软核处理器的 I/O 接口进行控制，则可以根据外设所需 I/O 功能在 Qsys 中添加 PIO，将外设简单地接入总线，这种方法在硬件接入上很直观，但需要根据外设的控制时序来编写相关的时序控制程序，对时序的要求比较严格。

(2) 当所需添加外设要完成一些具体的功能时，则需要用硬件描述语言描述定制元件接口，通过 Qsys 中的自定制元件功能定制所需组件时序上的转换逻辑，通过所描述的元件接口将外设直接接入系统总线(Avalon 总线)，并编写相关的软件对其进行操作。

本节主要介绍第(2)种外设自定义方法。为了理解 Qsys 外设的自定义元件方法，本节以 1.3.5 节的 DDS 波形发生器为例，通过自定制元件的方法将 DDS 波形发生器模块的接口信号挂接到 Avalon 总线上,通过 Avalon 总线的读/写时序来控制波形产生的频率,如图 5.13 所示,DDS_controller 作为用户自定制的元件添加在资源库的 User_IP 中。

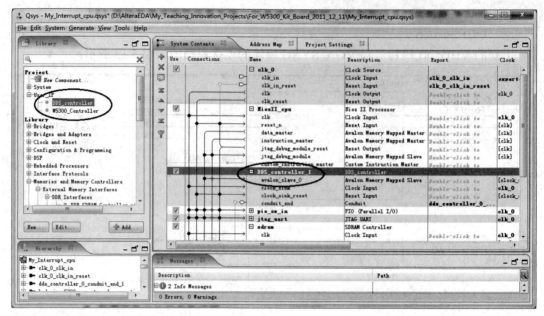

图 5.13 在 Qsys 中添加自定制元件

1. Qsys 资源库中组件的构成

Qsys 资源库中的组件由以下部分组成:

(1) 组件类型信息,如组件名称、版本和作者;
(2) 组件硬件的硬件描述语言(HDL)描述;
(3) 组件接口硬件的描述,如 I/O 信号的类型;
(4) 配置组件运行的参数说明;
(5) 配置 Qsys 中组件的实例参数编辑器。

设计者可以使用组件所要求的任意数量的接口和接口类型的任意组合来设计自定制组件。例如,一个组件除了对控制器提供存储器映射的从端口以外,还可以对高吞吐量数据提供 Avalon-ST 源端口。

Qsys 自定义组件可以使用的组件接口包括:

(1) Memory-Mapped(MM):用于使用存储器映射的读、写命令通信的 Avalon-MM 或 AXI 主端口和从端口。
(2) Avalon Streaming(Avalon-ST):用于 Avalon-ST 源和发送数据流的接收器之间的点到点的连接。
(3) Interrupts:用于生成中断的中断发送器和执行中断的中断接收器之间的点到点的连接。
(4) Clocks:用于时钟源和时钟接收器之间的点到点的连接。
(5) Resets:用于复位源和复位接收器之间的点到点的连接。
(6) Avalon Tri-State Conduit(Avalon-TC):用于连接到 PCB 上的三态器件的 Qsys 系统

中的三态总线控制器。

(7) Conduits：用于通道接口之间的点到点的连接。设计者可以使用该接口类型来定义不符合任何其他接口种类的信号。

2. 关于 Qsys 组件编辑器

Qsys 组件编辑器是 Qsys 的一个重要组成部分，用户可以通过该编辑器创建并且封装用于 Qsys 的自定制组件，也可以对资源库中创建好的自定制组件进行编辑。如图 5.14 所示，在创建好的组件上点击右键，选择 Edit…命令即可以编辑自定制组件。

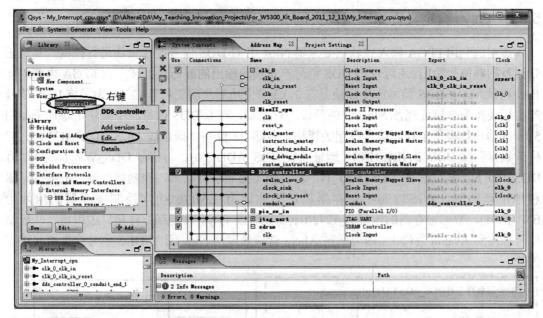

图 5.14　在 Qsys 中编辑创建好的自定制组件

通过 Qsys 组件编辑器 GUI 界面，用户可以完成以下任务：

(1) 指定组件的识别信息，如组件名称、版本、作者等。

(2) 指定描述组件接口及硬件功能的硬件描述语言(HDL)文件，以及定义综合和仿真的组件约束文件。

(3) 定义参数、接口信号，创建组件的 HDL 模板。

(4) 关联并定义组件接口的信号类型。

(5) 设置接口参数，并指定其特性。

(6) 指定接口之间的关系。

如果组件是基于 HDL 的，则必须在 HDL 文件中定义相应的参数和信号，并且在组件编辑器中不能添加或删除它们。如果还没有创建顶层 HDL 文件，可以在组件编辑器中声明参数和信号，它们将会被包含到 Qsys 创建的 HDL 模板文件中。在 Qsys 系统中，组件的接口可以被连接到系统中，或作为顶层信号从系统中导出。

如果使用已经编辑好的组件接口 HDL 文件创建组件(后面我们将采用该方式)，则标签页出现在组件编辑器中的顺序即反映了自定制组件开发所建议的设计流程。用户可以使用组件编辑器窗口底部的 Prev 和 Next 按钮指导选择相应的标签页。

如果自定义组件不是基于已经编辑好的 HDL 文件，需要首先在组件编辑器窗口的 Parameters、Signals 和 Interfaces 标签页中输入参数、信号和接口，然后返回 Files 标签页，点击 Create Synthesis File from Signals 按钮来创建顶层 HDL 文件模板。当点击组件编辑器窗口底部的 Finish 按钮时，Qsys 使用组件编辑器标签页上提供的详细信息创建组件_hw.tcl 文件(使用 Qsys 组件的 Tcl 脚本语言而写的文本文件，包含组件设计文件的名称和位置信息)。

保存自定义组件后，自定义的组件即出现在 Qsys 资源库中。

5.2.2 Qsys 自定义资源库组件实例——DDS 信号产生模块

该实例利用 FPGA 嵌入式软核处理器 Nios Ⅱ 对 DDS 信号产生模块进行控制，实现正弦波及扫频信号输出，还可以将 DDS 信号产生模块输出的波形数据读入到 FPGA 内部的软核处理器。其中 DDS 信号产生模块是在 1.3.5 节完成的实验工程基础上，为了将 DDS 信号产生模块作为软核处理器 Nios Ⅱ 的外设进行控制，在原 DDS 信号产生模块上增加了如图 5.15 左边虚线框所示控制信号及相关模块，包括 32 位写数据总线 DDS_oDATA[31:0]、32 位读数据总线 DDS_DATA[31:0]、地址总线 DDS_ADD[3:0]、写信号 DDS_WR_N、读信号 DDS_RD_N、复位信号 DDS_RST_N，以及频率控制字寄存器、控制寄存器、数据寄存器和地址译码器。频率控制字寄存器模块的地址为 EN0(0x00)，控制寄存器的地址为 EN1(0x01)，数据寄存器的地址为 EN2(0x02)。通过 Qsys 自定制组件接口逻辑将这些控制信号挂接到 Avalon 总线上，即可通过 Altera 软核处理器 Nios Ⅱ 对 DDS 信号产生模块进行控制。

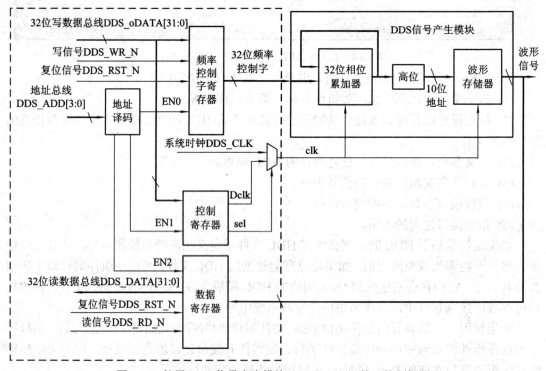

图 5.15　扩展 DDS 信号产生模块(DDS_Module)接口控制框图

根据 1.3.5 节 DDS 实例进行了接口部分扩展后的 DDS_Module 模块 Quartus Ⅱ 原理图如图 5.16 所示。

硬件描述语言所写的 Qsys 自定制组件接口描述文件实现 Avalon 总线与图 5.15 给出的 DDS 信号产生模块接口控制信号的连接，本实例的自定制元件的接口描述文件所包括的接口信号如图 5.17 所示。

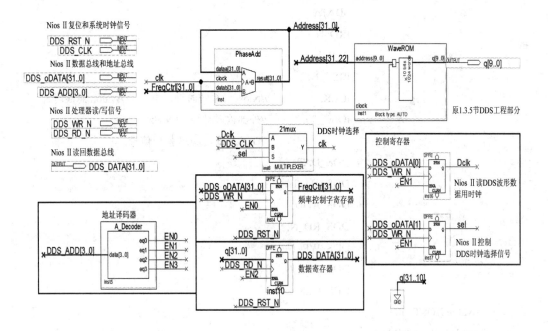

图 5.16 进行了接口部分扩展后的 DDS 工程的 Quartus Ⅱ 原理图

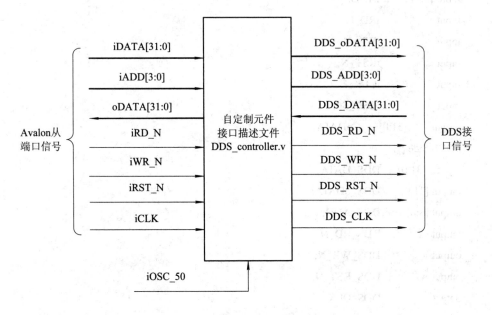

图 5.17 Qsys 自定制组件接口描述文件接口信号

1. DDS 控制模块的自定制元件的 Verilog HDL 接口描述文件

```verilog
//----------------------用户自定制元件(DDS_controller.v)----------------------
module DDS_controller(           //Avalon HOST Side，Avalon 总线接口信号
                iDATA,
                iADD,
                oDATA,
                iRD_N,
                iWR_N,
                iRST_N,
                iCLK,            //Nios II系统时钟，来源于 Avalon 总线时钟
                iOSC_50,         //外部输入时钟 50 MHz
                                 //DDS Side，DDS 接口信号
                DDS_DATA,
                DDS_oDATA,
                DDS_ADD,
                DDS_RD_N,
                DDS_WR_N,
                DDS_RST_N,
                DDS_CLK );
//Avalon HOST Side
input [31:0]    iDATA;
input [3:0]     iADD;
input           iRD_N;
input           iWR_N;
input           iRST_N;
input           iCLK;
input           iOSC_50;
output [31:0]   oDATA;
//DDS Side
input  [31:0]   DDS_DATA;
output [31:0]   DDS_oDATA;
output [3:0]    DDS_ADD;
output          DDS_RD_N;
output          DDS_WR_N;
output          DDS_RST_N;
output          DDS_CLK;
```

```verilog
    reg     [31:0]  TMP_DATA;
    reg             DDS_RD_N;
    reg             DDS_WR_N;
    wire            DDS_CLK;
    reg     [31:0]  oDATA;
    reg     [31:0]  DDS_oDATA;

    always@(posedge iCLK or negedge iRST_N)
    begin
        if(!iRST_N)
        begin
            TMP_DATA    <=  0;
            DDS_RD_N    <=  1;
            DDS_WR_N    <=  1;
            oDATA       <=  0;
            DDS_oDATA<=0;
        end
        else
        begin
            oDATA       <=  DDS_DATA;
            DDS_oDATA   <=  iDATA;       //DDS 信号产生模块数据总线
            DDS_RD_N    <=  iRD_N;
            DDS_WR_N    <=  iWR_N;
        end
    end
    assign  DDS_CLK =   iOSC_50;         //DDS 信号产生模块系统时钟
    assign  DDS_ADD =   iADD;            //DDS 信号产生模块地址总线
    assign  DDS_RST_N = iRST_N;
endmodule
```

通过该接口描述文件即可把需要控制的外设(这里是 DDS 信号产生模块)的接口信号(包括数据总线、地址总线和控制信号)挂接到 Avalon 总线的从端口上,如图 5.17 所示。

注意,以上自定制组件接口描述文件 DDS_controller.v 需要在 Quartus Ⅱ EDA 软件中编译通过才能进行下一步操作。

2. 使用 Qsys 元件编辑器创建自定制元件

在 Quartus Ⅱ EDA 软件(建议 13.0 以上版本)中打开需要使用自定制元件的工程文件,如本例为 1.3.5 节中的 DDS 工程文件。在 Quartus Ⅱ 中启动 Qsys 工具,双击 Qsys 界面左边 Library 资源库中 Project 下的 New Component 打开 Qsys 组件编辑器(或选择菜单项 File

→New Component…),如图 5.18 所示。点击组件编辑器(Component Editor)中每个标签页左上角的 About 三角,则出现对应标签页所需要显示的信息,如图 5.18 中 Component Type 标签页中 About Component Type 所示。

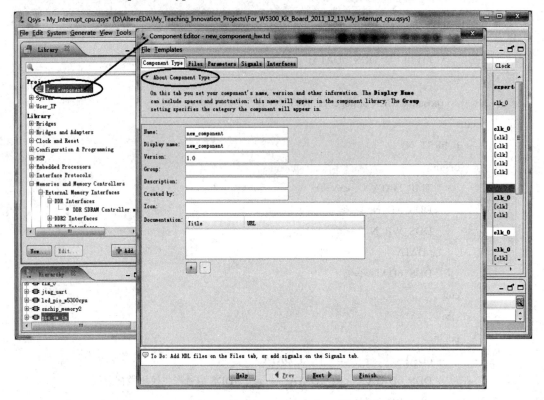

图 5.18 打开 Qsys 组件编辑器界面

1) Component Type 标签页

如图 5.18 所示,Component Type 标签页可以指定关于自定制组件的以下信息:

(1) Name:指定_hw.tcl 文件名中使用的名称(如输入 DDS_controller),对于不是基于已经编辑好的 HDL 文件的自定制组件,也指定顶层模块名称。

(2) Display name:(可选)识别参数编辑器 GUI 中的组件(如输入 DDS_controller),并且也出现在组件库中的 Project 下和 Qsys 界面的 System Contents 标签上。

(3) Version:指定组件的版本编号(如 1.0)。

(4) Group:(可选)代表组件库中组件列表中的组件的类别(如输入 User_IP)。用户可以从组件列表中选择一个现有的组,或通过在 Group 对话框中输入一个名称定义新组。使用斜线在 Group 对话框中分离项以便定义一个子类别。例如,输入 Memories and Memory Controllers/On-Chip,则组件出现在组件库中的 On-Chip 组下,它是 Memories and Memory Controllers 组的子类别。如果将 Qsys 设计保存到工程目录中,则组件出现在组件库的 Project 下制定的组中。另外,如果将设计保存到 Quartus Ⅱ 安装目录中,则组件出现在 Library 下制定的组中。

(5) Description:(可选)组件描述(如输入 DDS_controller)。

(6) Created By:(可选)制定组件的作者。

(7) Icon：(可选)可以输入图标文件(.gif、.jpg 或 .pgn 格式)的相对路径，它代表组件并在组件的参数编辑器中显示为标头。默认图像是 Altera MegaCore 功能图标。

(8) Documentation：(可选)可以添加链接到组件的文件中，并右键点击组件库中的组件，选择 Details 时出现。

① 要指定一个 Internet 链接，其路径以 http:// 开始，如 http://mydomain.com/datasheets/my_memory_controller.html。

② 要指定文件系统中的文件，对于 Windows，其路径以 file://// 开始，如 file:////company_server/datasheets/my_memory_controller.pdf。

③ 对于 Linux，其路径以 file:/// 开始。

2) Files 标签页

组件编辑器的 Files 标签页可以指定综合和仿真的硬件描述语言文件。对于基于已经编辑好的 HDL 文件的自定制组件，在 Files 标签页中可以直接指定 HDL 文件；对于没有编辑好的 HDL 文件的自定制组件，可以使用 Files 标签页来创建顶层 HDL 模板文件。

(1) 对于已经具有编辑好的 HDL 文件(本例)。点击 Files 标签页中 Synthesis Files 下的"+"按钮，添加应该包含的自定制组件 HDL 接口描述文件及其他支持文件。如图 5.19 所示添加的 DDS_controller.v 文件，并指示为顶层文件。

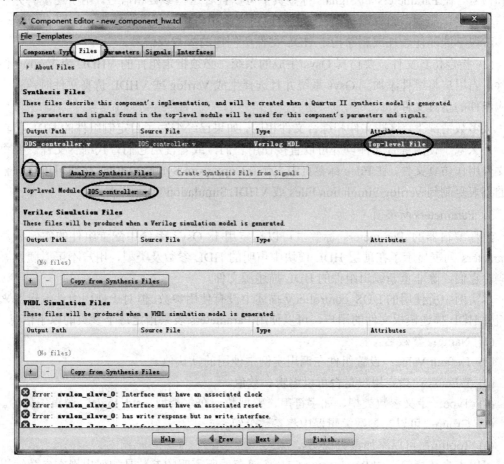

图 5.19 Qsys 组件编辑器 Files 标签页

一个组件必须将 HDL 文件指定为包含顶层模块的顶层文件。Synthesis Files 列表也可包含时序约束文件，或需要在 Quartus Ⅱ中综合和编译的其他文件。组件的综合文件在 Qsys 系统生成过程中被复制到生成输出目录中。

(2) 对于需要创建新的 HDL 文件。如果还没有编写好的组件 HDL 描述文件，可以使用组件编辑器来定义组件，对组件创建一个包含信号和参数的简单的顶层综合文件，然后可以编辑该 HDL 文件来添加自定制组件行为的接口描述及相关逻辑。开始时需要首先在 Parameters、Signals 和 Interfaces 标签页指定组件的信息，然后点击 Files 标签页 Synthesis Files 下的 Create Synthesis File from Signals 按钮(如图 5.19 中灰色按钮所示)，组件编辑器根据指定的参数和信号来创建一个 HDL 文件模板。

Files 标签页其他功能介绍：

(1) 分析综合文件。在 Files 标签页中指定了顶层 HDL 文件后，点击 Synthesis Files 下面的 Analyze Synthesis Files 按钮来分析顶层中的参数和信号，然后从 Top-level Module 列表中选择顶层模块。如果在 HDL 文件中具有一个单一模块或实体，那么 Qsys 自动填入 Top-level Module 列表(本例即如此)。

一旦分析完成并选择了顶层模块，顶层模块中的参数和信号就会被自动用作组件的参数和信号，在 Parameters 和 Signals 标签页中可以查看这些参数和信号。由于还没有完全定义信号和接口类型，组件编辑器在这一阶段可能会报告错误或进行警告，如图 5.19 所示。但该阶段不能随便添加或删除指定 HDL 文件所创建的参数或信号。

(2) 指定仿真文件。要仿真 Qsys 生成的系统，必须指定组件的 VHDL 或 Verilog 仿真文件。当用户将组件添加到 Qsys 系统并且选择生成 Verilog 或 VHDL 仿真文件时，将生成对应组件的仿真文件。

大多数情况下，这些文件和综合文件相同。如果已经编写了自定制组件的 HDL 仿真文件，那么除了使用综合文件以外可以直接使用它们，或者使用它们替代综合文件。要将综合文件用作仿真文件，在 Files 标签页中，点击 Copy from Synthesis Files 按钮可以将综合文件的列表复制到 Verilog Simulation Files 或 VHDL Simulation Files 列表。

3) Parameters 标签页

组件编辑器的 Parameters 标签页可以指定用于 Qsys 系统中配置组件的实例参数。Parameters 列表显示了在顶层 HDL 模块中声明的 HDL 参数及类型，用户不可以随意添加或删除它们，除非重新编辑组件的 HDL 描述源文件。

本实例中所使用的 DDS_controller.v 描述中没有使用参数。但对于使用组件编辑器来创建组件 HDL 描述模板文件的用户，可以使用 Parameters 表来指定每个参数的以下信息：

(1) Name：参数名。
(2) Default Value：设置组件在调用实例中使用的默认值。
(3) Editable：指定用户是否可以编辑参数值。
(4) Type：定义参数类型，如字符串、整型数、布尔类型、std_logic、逻辑矢量等。
(5) Group：可以在参数编辑器中将参数分组。
(6) Tooltip：可以添加参数说明。

可以点击该标签页中 Preview the GUI 按钮查看所声明的参数是如何出现在参数编辑器

中的。

在参数编辑器中,HDL 参数应该遵循以下规则:

(1) 可编辑的参数不能包含计算表达式。

(2) 如果参数<n>定义信号的宽度,则表示信号宽度的格式为<n-1>:0。

4) Signals 标签页

组件编辑器的 Signals 标签页用于指定组件中的每个信号的接口及信号类型。将组件 HDL 描述文件添加到 Files 标签页中的 Synthesis Files 表后,点击 Files 标签页中 Analyze Synthesis Files 按钮,顶层模块上的信号将出现在 Signals 标签页中。

注意:(1) 如果还没有组件的顶层 HDL 描述文件,则可以点击 Signals 标签页中 Add Signal 按钮来添加组件的每个顶层信号,并在 Name、Interface、Signal Tpye、Width 和 Direction 列中输入或选择相应的值。用户可以使用窗口底部的错误和警告信息来指导相关参数的选择。双击 Name 列可编辑信号的名称。

(2) 如果在 Files 标签页中已经分析了组件的顶层 HDL 文件,就不可以在 Signals 标签上添加或删除信号,也不能更改信号的名称。要更改信号,就必须编辑 HDL 描述文件,然后重新添加到 Files 标签页中进行分析。

Signals 标签页中的 Interface 列可以对接口分配信号。每个信号必须类属于一种接口,并且基于该接口分配一个合法的信号类型。要创建一个新的指定类型的接口,可以从 Interface 列的列表中选择 new <接口类型>,则新的接口就可以用于接下来的信号分配,如图 5.20 所示。

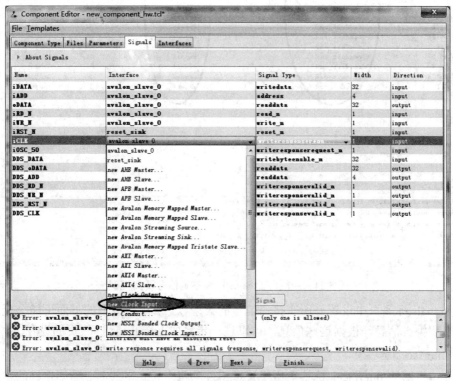

图 5.20 Qsys 组件编辑器 Signals 标签页

注意：接口名称可以在 Interfaces 标签页中进行编辑，但不可以在 Signals 标签页中编辑。

本例依据图 5.17 及组件 HDL 接口描述文件 DDS_controller.v，在 Signals 标签页中为每个信号指定相应的 Interface 类型，如 iCLK 信号，从 Interface 列的列表中选择 new Clock Input…，并在 Signal Type 列中选择 clk。

图 5.17 中对应 Avalon 从端口的信号其 Interface 均为 avalon_slave_0 类型，根据信号类型在 Signal Type 列中选择对应的信号类型。如 32 位的 iDATA 信号是 Avalon 总线从端口的写数据总线，因此在 Signal Type 中选择 writedata；iRD_N 是 Avalon 总线从端口的读信号，低电平有效，因此选择 read_n。而图 5.17 中对应 DDS 接口控制信号(即设备端的信号)，包括外部时钟信号 iOSC_50，需要在 Interface 列中选择 new Conduit…，建立 conduit end 接口类型，并在 Signal Type 列中选择 export 导出这些信号。设置好的 Signals 标签页如图 5.21 所示。

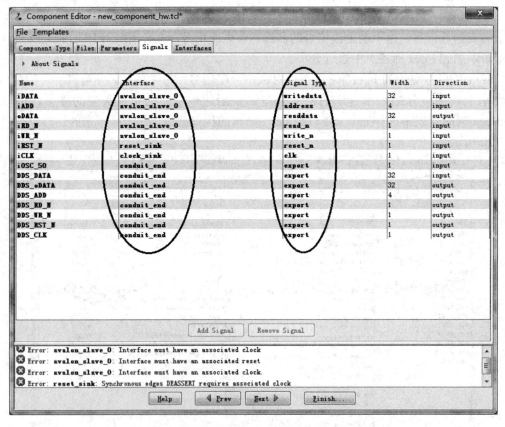

图 5.21　设置好的 Signals 标签页信号及其类型

在 Signals 标签页中设置好所有接口信号的类型以后，在标签页的下面可能会显示出很多的错误和警告信息，根据这些信息，可以进一步完成 Interfaces 标签页的设置。

5) Interfaces 标签页

组件编辑器的 Interfaces 标签页用于管理组件的每个接口的设置。当创建好的组件例化添加到 Qsys 系统中时，出现在 Signals 标签页中的接口名称将显示在 Qsys System Contents

标签页中。

在 Interfaces 标签页中，用户可以配置 Signals 标签页中 Interface 列所设置的每个接口的类型和属性，如图 5.22 所示 avalon_slave_0 接口的类型和属性。接口的类型和属性设置可以参考图 5.21 中的错误信息，这些信息中已经告诉用户各接口应该如何设置。某些接口显示描述接口时序的波形，如果需要更新时序参数，则波形自动更新。当 Interfaces 标签页设置好后，所有的错误及警告信息将消失，信息栏提示：Info: No errors or warnings。

通过 Interfaces 标签页下面的 Remove Interfaces With No Signals 按钮，可以删除没有定义信号的接口(多余接口)。

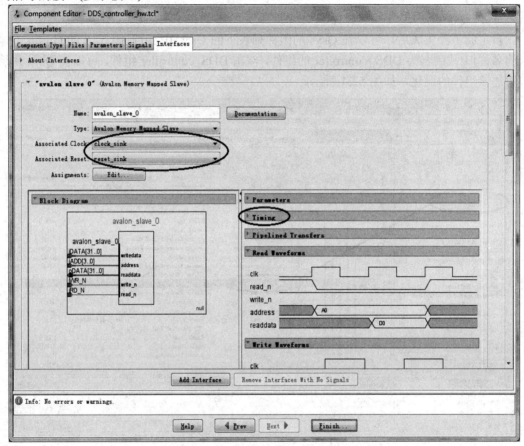

图 5.22 Qsys 组件编辑器 Interfaces 标签页

6) 保存组件

点击组件编辑器界面下方的 Finish 按钮保存组件，组件编辑器将组件保存到文件名为 <component_name>_hw.tcl 的文件中，如图 5.23 所示，本例为 DDS_controller_hw.tcl 文件。用户也可以将组件文件移到一个新的目录，以便其他用户可以在系统中使用该组件。_hw.tcl 文件包含其他文件的相对路径，所以如果移动一个 _hw.tcl 文件，那么也应该移动所有与其相关的 HDL 及其他文件。

Altera 一般建议将 _hw.tcl 文件和与它们相关的文件保存到 Quartus Ⅱ 工程目录中的 ip/<class-name> 目录。

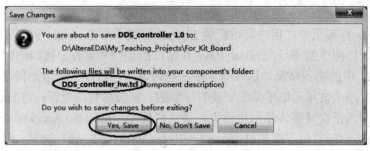

图 5.23 保存自定义组件

7) 在 Qsys 中调用自定义组件

自定义组件生成后,可以在 Qsys 的组件列表下的 User_IP 组(在图 5.18 的 Group 中输入的名称)中找到名为 DDS_controller 的组件,双击 DDS_controller 组件,可以在 Qsys 系统中添加该组件的例化,如图 5.24 所示。

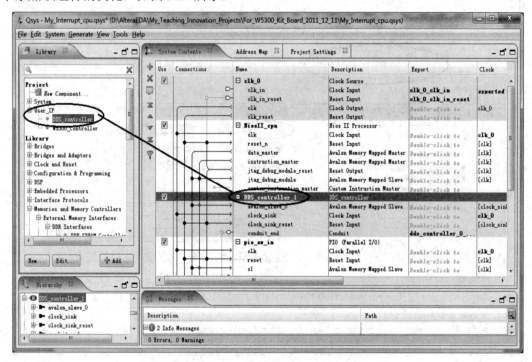

图 5.24 Qsys 中的自定义组件及其例化

3. DDS 自定义组件在本例中的调用

启动 Quartus Ⅱ EDA 软件工程后,通过在 Qsys 中加入所需的集成 IP 核(包括 Nios Ⅱ 软核处理器、存储器和各种外围设备)快速为自己的设计项目定制处理器硬件系统(可以参考 2.3 节内容),如本例需要在 Qsys 中分别添加 Nios Ⅱ处理器(Nios Ⅱ_cpu)、DDS 信号产生模块(DDS_controller_1)、外部输入控制信号(pio_sw_in,用来控制输出信号频率)、处理器程序存储器(sdram)以及下载调试接口(jtag_uart)等设备,如图 5.24 所示。其中 DDS_controller_1 即自定义组件的例化模块,通过该模块将 DDS 信号产生模块(图 5.15 框图所描述的模块,如图 5.25 中的 DDS_Module 模块)挂接到 Avalon 总线上。

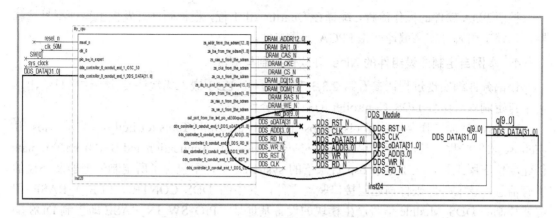

图 5.25 Qsys 中定制产生的处理器及外设模块

在 Qsys 中完成一定的参数配置(如基地址、中断等)并生成 Qsys 系统后,一个以 Nios Ⅱ 软核处理器为核心的嵌入式系统的硬件部分即定制完成。完整的 Qsys 系统工程如图 5.25 所示。其中 My_cpu 即 Qsys 中定制的处理器模块,DDS_Module 为图 5.15 框图所描述的 DDS 信号产生模块(其内部原理图可参看图 5.16)。DE0 开发板上的拨动开关 SW[0]接 pio_sw_in 信号控制 DDS 输出信号频率;clk_50M 为 DE0 开发板上的 50 MHz 系统时钟,sys_clock 与 clk_50M 频率相同。图 5.25 中以 DRAM_开头的信号均为 SDRAM 存储器信号(可以参考 DE0 开发板用户手册或设计实例来添加 Qsys 的 SDRAM 存储器,DE0 开发板上的 8 MB 的 SDRAM 存储器在 Qsys 中的 SDRAM_Controller 设置如图 5.26 所示。为了简单也可以省略 SDRAM 器件,直接使用片上 RAM,参考 2.3 节实例操作)。DDS_Module 的 q[9:0]信号是输出正弦波信号,DDS_DATA[31..0]信号与 q[9..0]一样,但其 DDS_DATA[31..10] 位在 DDS_Module 内部接地,可以通过 Nios Ⅱ处理器 DDS_RD_N 读信号读入并显示到计算机上。

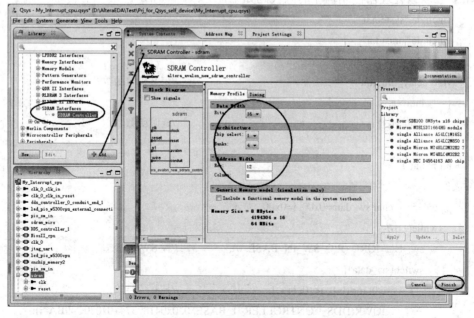

图 5.26 Qsys 中添加 DE0 开发板上 SDRAM 控制器的参数设置

按照 EDA 软件的操作流程，编译该 Quartus II 工程，根据硬件开发板上器件型号选择器件、锁定引脚并完全编译产生 FPGA 下载文件。

4．本例自定制外设组件的 Nios II 软件控制与测试

该部分详细实现过程请参看第 2.3.3 节 Nios II EDS 嵌入式软件设计，这里只给出本例中自定制外设组件 DDS_Controller 的控制部分代码。

在 Qsys 界面选择菜单项 Tools→Nios II Software Build Tools for Eclipse，启动 Nios II-Eclipse 软件编程工具，选择菜单项 File→New→Nios II Application and BSP from Template 创建软件应用工程，在工程的 bsp 目录下的 system.h 文件中包含了所定制处理器及外设的所有信息，该文件即硬件描述层接口驱动文件，其中的 DDS_CONTROLLER_1_BASE 即需要控制的 DDS_Module 信号产生模块的设备基地址。PIO_SW_IN_BASE 即控制 DDS 输出信号频率的输入拨动开关(SW[0])接口基地址，Nios II 可以读取该信号状态来改变 DDS 的频率控制字，从而改变 DDS 输出信号的频率。本例中的 Nios II 主要控制程序如下面的"Nios II 软核处理器控制程序源代码"所示，其中 sw_data 为读取的 SW[0]输入按键状态，当该值为 0 时，通过 IOWR 函数即图 5.15 所示 DDS 信号产生模块的 0 地址(EN0)写入频率控制字 0x04000000；当 SW[0]状态为 1 时，写入的频率控制字为 0x10000000。DDS_CONTROLLER_1_BASE 是图 5.24 中所添加外设 DDS_controller_1 的基地址。

IOWR 函数的第 2 个参数 0 即图 5.15 中频率控制字寄存器地址，经地址译码电路译码后使得 EN0 有效。改变 IOWR 函数的第 2 个参数，即可以访问控制寄存器和数据寄存器。

本实验 DDS_Module 信号产生模块的输出信号频率的计算公式为

$$f_{out} = \frac{M}{2^{32}} \cdot f_{sys\_clk} \tag{5-1}$$

式中，32 为相位累加器位数，M 为程序所设置的频率控制字，f_{sys_clk} 为 50 MHz 系统时钟频率。

Nios II 软核处理器控制程序的源代码如下：

```
#include "system.h"
#include "unistd.h"
#include "altera_avalon_pio_regs.h"
void delay_time(int t)                          //定义延时函数
{       int i=0;
        while(i<t) i++;                         //延时函数
}
int main( )
{
    unsigned char sw_data=0x00, i=0x00;
    while(1){//--
        sw_data=IORD (PIO_SW_IN_BASE, 0);       //读 SW[0]状态
        switch(sw_data){
            case 0: for (i=0; i<10; i++){       //扫频信号输出
                IOWR(DDS_CONTROLLER_1_BASE, 0, 0x04189374+0x020C49BA*i);
```

//初始频率 800 kHz，频率控制字为 0x4189374，频率步进 400 kHz
　　　　delay_time(2);　　　　　　　　　　　//点频保持时间，调用延时函数
　　　}//end for
　　　IOWR(DDS_CONTROLLER_1_BASE, 0, 0x00000000);　　　　//关闭波形输出
　　　　break;
　　　case 1: IOWR(DDS_CONTROLLER_1_BASE, 0, 0x0F5C28F5);　　//3 MHz 频率输出
　　　　break;
　　}//end switch
　　//流水灯部分仿照 2.3.3 节，读者自定义编程实现
　　usleep(1000000);　　　　　　　//1000000 μs 延时，也可以调用自定义的 delay_time( )函数实现
　}//end while
　return 0;
}//end main

将图 5.25 所示处理器及外设系统工程编译好后下载到 DE0 开发板上，然后将 Eclipse 软件也下载到开发板上，在 Quartus Ⅱ 中可以通过 SignalTap Ⅱ 嵌入式逻辑分析仪查看相关信号及输出波形(参考 1.5.2 节使用 SignalTap Ⅱ 进行编程调试)，如图 5.27 所示。图 5.27 中 DDS_RD_N、DDS_WR_N 分别是 FPGA 嵌入式处理器 Nios Ⅱ 的读、写信号，DDS_ADD 是处理器提供给 DDS 模块的地址总线信号(参考图 5.15 和图 5.16)。从图 5.27 中，可以看出，该时刻执行的是 Nios Ⅱ 软核处理器控制程序源代码中外部控制信号 sw_data=0 时的指令，输出为扫频信号，初始频率为 800 kHz，频率步进为 400 kHz(图 5.27 中频率控制字间隔所对应的频率)。根据公式(5-1)即可计算所需的频率控制字及频率步进。从频率控制字寄存器输出端 DDS_Module:inst24|data_latch:inst2|q 可以看到各输出频率所对应的频率控制字。

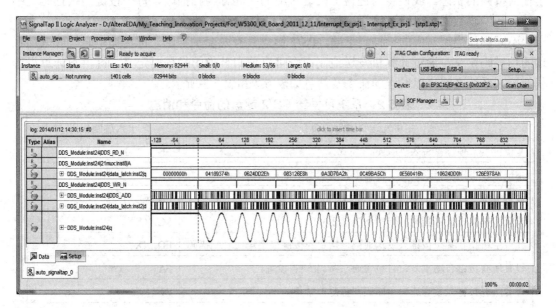

图 5.27　软核处理器控制 DDS_Module 信号产生模块测试结果

5.3 PS/2 键盘接口的 FPGA 设计

5.3.1 PS/2 连接器接口

通用 PS/2 接口信号包括电源地、电源(VDD)、数据、时钟等 6 个引脚,如图 5.28 所示,而时钟和数据线是集电极开路(OC)的双向信号,因此任何连接到 PS/2 鼠标、键盘或主机的设备在时钟和数据线上都要有一个比较大的上拉电阻(一般为 10 kΩ)。时钟信号通常由键盘控制,但也可以由计算机或 FPGA 等控制系统驱动。

Male公的	Female母的	6脚Mini-DIN(PS/2)
 (如图5、6、3、4、1、2针脚)	 (如图5、6、3、4、1、2针脚)	1—数据
		2—未实现,保留
		3—电源地
		4—电源+5 V
(Plug)插头	(Socket)插座	5—时钟
		6—未实现,保留

图 5.28 键盘/鼠标通用 PS/2 接口定义

5.3.2 键盘扫描编码介绍

键盘上的按键以行、列矩阵的形式进行编码,通过键盘编码器对键盘进行扫描即可识别任何按键的状态。我们将与键盘上按键对应的编码称为扫描码,每个按键的扫描码是唯一的,其编码数据可以通过键盘串行传送给计算机进行按键状态识别。

不同键盘类型对应的扫描码不同,PS/2 键盘具有两套扫描码。键盘加电时一般采用默认的扫描码定义,通过计算机发送控制命令可以使用替换的扫描码定义。键盘与计算机等其他控制系统之间可以发送的命令及消息如表 5.2 和表 5.3 所示。

表 5.2 系统可发给 PS/2 键盘的命令和消息

主机发送给键盘的命令	十六进制代码
复位键盘,使键盘进入"Reset"模式	FF
主机接收中出现错误,要求键盘重新发送最后的扫描码或命令	FE
设置按键自动重复:XX 代表按键扫描码	FB, XX
设置按键发送通、断码,但禁止自动重复	FC, XX
允许主机指定某个按键只发送通码,指定的按键采用第三套扫描码	FD, XX
设置所有按键自动重复,且包含通、断码(缺省设置)	FA
设置所有按键只发送通码,断码和重复被禁止	F9
设置所有按键发送通、断码,重复被禁止	F8

续表

主机发送给键盘的命令	十六进制代码
设置所有按键自动重复,只有断码被禁止	F7
设置缺省的重复速率和延时(10.9 cps/500 ms)	F6
键盘停止扫描,载入缺省值,等待进一步指令	F5
在上一条指令后,清键盘缓冲区且开始扫描按键	F4

设置自动重复速率及延时:XX
    位 6 和位 5 表示延时(范围为 250 ms～1 s);
    位 4～位 0 表示重复速率(范围为全 0:2 cps/s～全 1:30 cps/s)
	F3, XX

读取键盘 ID:键盘将回应 FA、83、AB	F2

设置键盘扫描码集:XX
    XX 可为 01(第一套)、
    02(第二套)或 03(第三套)
要获得当前键盘使用的扫描码集,XX=00
	F0, XX

回声(Echo)	EE

设置键盘 LED 状态:XX
    指示键盘上 Num Lock、Caps Lock 及 Scroll Lock LED 状态;
    8 位 XX 格式为:
    00000+Scroll+Num+Caps Lock;
    1—LED 亮;0—LED 灭
	ED, XX

表 5.3 PS/2 键盘可发给系统的命令和消息

键盘发给主机的信息	十六进制代码
键盘重新发送信息	FE
连续 2 个错误信息	FC
键盘应答命令:每个命令字节后发送	FA
对主机 Echo 命令的回应	EE
键盘通过自检	AA
键盘缓冲区溢出	00

键盘扫描码包括通码(Make Codes)和断码(Break Codes)两种。当键盘上的某个按键被按下时,键盘向系统发送通码;当按下的按键释放时发送断码。通常断码由"F0+通码"构成。使用这种编码结构,使得系统可以识别键盘上是否有按键按下,当有多个按键同时按下时,系统也可以识别哪个按键被释放。例如,当键盘上的 Shift 键按下的同时按下键盘上方的数字键"3",则计算机将识别"#",而不是符号"3";再如,当某个按键一直处于按下状态

时,键盘将以一定的重复速率连续发送该键的扫描码,直到该键释放则发送断码。

5.3.3 PS/2 串行数据传输

通过 PS/2 双向数据线发送的键盘扫描码由 11 位串行数据构成,其中包括一位起始位("0")、8 位数据位(键盘扫描码或命令,从低位到高位顺序排列)、一位奇数奇偶校验位(8 位数据位与校验位中 1 的个数为奇数)、一位停止位("1")。当键盘和主机之间无数据传输时,PS/2 的数据线和时钟线将处于高电平(静止状态)。

键盘扫描码向主机的 PS/2 传输时序如图 5.29 所示。

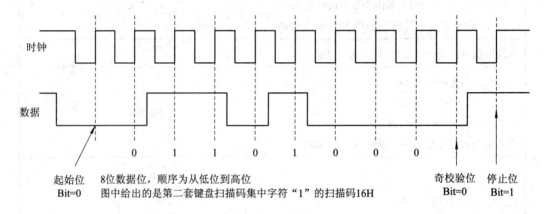

图 5.29 键盘扫描码向主机的传输时序

主机或 FPGA 向 PS/2 键盘发送命令的时序如图 5.30 所示。

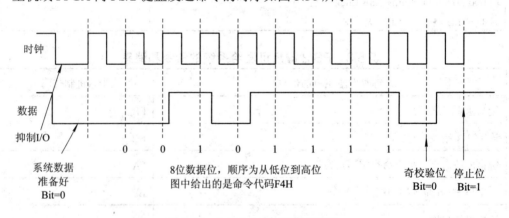

图 5.30 主机向 PS/2 的传输时序

当键盘正确地收到主机发送的命令代码后,键盘将向主机发送 0xFA 代码作为对主机的应答。如果主机还没有释放数据线,键盘将会继续产生时钟信号,并向主机发送"重新发送"命令 0xFE 或 0xFC。如果键盘接收到的串行数据中的校验位错误或没有收到停止位,键盘同样会向主机发送"重新发送"命令。

本例中我们采用的是第二套键盘扫描码集,如图 5.31 所示,图中所有的值都用十六进制表示。其中 KEY 表示按键,MAKE 表示通码,BREAK 表示断码。

101、102 和 104 键的键盘：

KEY	MAKE	BREAK	KEY	MAKE	BREAK	KEY	MAKE	BREAK
A	1C	F0, 1C	9	46	F0, 46	[	54	F0, 54
B	32	F0, 32	`	0E	F0, 0E	INSERT	E0, 70	E0, F0, 70
C	21	F0, 21	-	4E	F0, 4E	HOME	E0, 6C	E0, F0, 6C
D	23	F0, 23	=	55	F0, 55	PG UP	E0, 7D	E0, F0, 7D
E	24	F0, 24	\	5D	F0, 5D	DELETE	E0, 71	E0, F0, 71
F	2B	F0, 2B	BKSP	66	F0, 66	END	E0, 69	E0, F0, 69
G	34	F0, 34	SPACE	29	F0, 29	PG DN	E0, 7A	E0, F0, 7A
H	33	F0, 33	TAB	0D	F0, 0D	U ARROW	E0, 75	E0, F0, 75
I	43	F0, 43	CAPS	58	F0, 58	L ARROW	E0, 6B	E0, F0, 6B
J	3B	F0, 3B	L SHFT	12	F0, 12	D ARROW	E0, 72	E0, F0, 72
K	42	F0, 42	L CTRL	14	F0, 14	R ARROW	E0, 74	E0, F0, 74
L	4B	F0, 4B	L GUI	E0, 1F	E0, F0, 1F	NUM	77	F0, 77
M	3A	F0, 3A	L ALT	11	F0, 11	KP/	E0, 4A	E0, F0, 4A
N	31	F0, 31	R SHFT	59	F0, 59	KP*	7C	F0, 7C
O	44	F0, 44	R CTRL	E0, 14	E0, F0, 14	KP-	7B	F0, 7B
P	4D	F0, 4D	R GUI	E0, 27	E0, F0, 27	KP+	79	F0, 79
Q	15	F0, 15	R ALT	E0, 11	E0, F0, 11	KP EN	E0, 5A	E0, F0, 5A
R	2D	F0, 2D	APPS	E0, 2F	E0, F0, 2F	KP.	71	F0, 71
S	1B	F0, 1B	ENTER	5A	F0, 5A	KP 0	70	F0, 70
T	2C	F0, 2C	ESC	76	F0, 76	KP 1	69	F0, 69
U	3C	F0, 3C	F1	05	F0, 05	KP 2	72	F0, 72
V	2A	F0, 2A	F2	06	F0, 06	KP 3	7A	F0, 7A
W	1D	F0, 1D	F3	04	F0, 04	KP 4	6B	F0, 6B
X	22	F0, 22	F4	0C	F0, 0C	KP 5	73	F0, 73
Y	35	F0, 35	F5	03	F0, 03	KP 6	74	F0, 74
Z	1A	F0, 1A	F6	0B	F0, 0B	KP 7	6C	F0, 6C
0	45	F0, 45	F7	83	F0, 83	KP 8	75	F0, 75
1	16	F0, 16	F8	0A	F0, 0A	KP 9	7D	F0, 7D
2	1E	F0, 1E	F9	01	F0, 01	]	5B	F0, 5B
3	26	F0, 26	F10	09	F0, 09	;	4C	F0, 4C
4	25	F0, 25	F11	78	F0, 78	'	52	F0, 52
5	2E	F0, 2E	F12	07	F0, 07	,	41	F0, 41
6	36	F0, 36	PRNT SCRN	E0, 12, E0, 7C	E0, F0, 7C, E0, F0, 12	.	49	F0, 49
7	3D	F0, 3D	SCROLL	7E	F0, 7E	/	4A	F0, 4A
8	3E	F0, 3E	PAUSE	E1, 14, 77, E1, F0, 14, F0, 77	-NONE-			

图 5.31 第二套键盘扫描码集

5.3.4 用 FPGA 实现 PS/2 键盘接口通信的 VHDL 设计

下面给出通过 FPGA 实现对 PS/2 接口键盘控制键盘扫描 VHDL 代码。

键盘扫描的 VHDL 源程序(文件名为 keyboard.vhd)如下：

```vhdl
LIBRARY IEEE;
USE  IEEE.STD_LOGIC_1164.all;
USE  IEEE.STD_LOGIC_ARITH.all;
USE  IEEE.STD_LOGIC_UNSIGNED.all;

ENTITY keyboard IS
    PORT(   keyboard_clk    : IN      STD_LOGIC;    --键盘时钟，输入
            keyboard_data   : IN      STD_LOGIC;    --键盘数据，输入
            clock_25Mhz     : IN      STD_LOGIC;    --25 MHz 时钟
            reset, read     : IN      STD_LOGIC;
            scan_code       : OUT     STD_LOGIC_VECTOR(7 DOWNTO 0);
            scan_ready      : OUT     STD_LOGIC);
END keyboard;

ARCHITECTURE a OF keyboard IS
    SIGNAL INCNT                    : std_logic_vector(3 downto 0);
    SIGNAL SHIFTIN                  : std_logic_vector(8 downto 0);
    SIGNAL READ_CHAR                : std_logic;
    SIGNAL INFLAG, ready_set        : std_logic;
    SIGNAL keyboard_clk_filtered    : std_logic;
    SIGNAL filter                   : std_logic_vector(7 downto 0);
BEGIN

PROCESS (read, ready_set)
BEGIN
  IF read = '1' THEN
     scan_ready <= '0';
  ELSIF ready_set'EVENT and ready_set = '1' THEN
     scan_ready <= '1';
  END IF;
END PROCESS;


--该过程使用移位寄存器和"与"门过滤来自键盘的时钟信号，过滤掉来自键盘的反射脉冲
--或噪声等对时钟信号的影响
Clock_filter: PROCESS
```

```vhdl
BEGIN
    WAIT UNTIL clock_25Mhz'EVENT AND clock_25Mhz= '1';
    filter (6 DOWNTO 0) <= filter(7 DOWNTO 1) ;
    filter(7) <= keyboard_clk;
    IF filter = "11111111" THEN
        keyboard_clk_filtered <= '1';
    ELSIF   filter= "00000000" THEN
        keyboard_clk_filtered <= '0';
    END IF;
END PROCESS Clock_filter;

--读取来自键盘的串行扫描码数据
PROCESS
BEGIN
WAIT UNTIL (KEYBOARD_CLK_filtered'EVENT AND KEYBOARD_CLK_filtered='1');
IF RESET='1' THEN
        INCNT <= "0000";
        READ_CHAR <= '0';
ELSE
  IF KEYBOARD_DATA='0' AND READ_CHAR='0' THEN
        READ_CHAR<= '1';
        ready_set<= '0';
  ELSE
    --接下来的8个数据位合成扫描码
    IF READ_CHAR = '1' THEN
        IF INCNT < "1001" THEN
            INCNT<= INCNT + 1;
            SHIFTIN(7 DOWNTO 0) <= SHIFTIN(8 DOWNTO 1);
            SHIFTIN(8) <= KEYBOARD_DATA;
            ready_set <= '0';
            --扫描码字符结束,设置标志并退出循环
        ELSE
            scan_code <= SHIFTIN(7 DOWNTO 0);
            READ_CHAR<='0';
            ready_set<= '1';
            INCNT<= "0000";
        END IF;
     END IF;
   END IF;
```

        END IF;
        END PROCESS;
    END a;

    本例代码中没有从主机向键盘发送命令的过程，所以时钟和数据信号总是作为输入信号使用。要实现主机向 PS/2 接口的命令发送过程，时钟和数据信号需要用更复杂的具有三态的双向信号实现。

5.3.5 PS/2 设计实例

    本实例原理图如例 5.32 所示，通过 DE0 开发板上的两个七段显示数码管(HEX1 和 HEX0)可以将 FPGA 接收到的键盘扫描码显示出来。图中没有使用 Read 和 Scan_ready 两个信号。

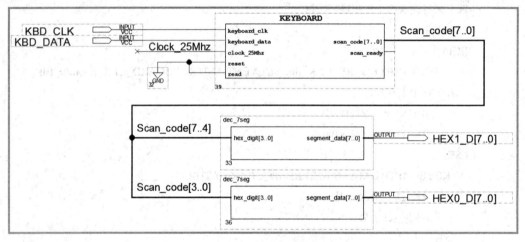

图 5.32 PS/2 键盘应用实例

    图 5.32 原理图中 Clock_25Mhz 时钟可以通过 DE0 开发板上 50 MHz 时钟分频得到；KEYBOARD 模块即 5.3.4 节的 keyboard.vhd 代码生成的符号；dec_7seg 模块为四位二进制数据转换为七段显示的译码模块，其 VHDL 代码如下：

```
LIBRARY IEEE;
USE   IEEE.STD_LOGIC_1164.ALL;
USE   IEEE.STD_LOGIC_ARITH.ALL;
USE   IEEE.STD_LOGIC_UNSIGNED.ALL;

ENTITY dec_7seg IS
    PORT(   hex_digit       : IN      STD_LOGIC_VECTOR(3 downto 0);
            segment_data    : OUT     STD_LOGIC_VECTOR(7 downto 0));
END dec_7seg;

ARCHITECTURE a OF dec_7seg IS
BEGIN
```

```vhdl
    PROCESS   (Hex_digit)
    BEGIN
        CASE Hex_digit IS        --DE0 开发板七段显示器控制(共阳极)
            WHEN "0000" => segment_data <= "11000000";   --显示'0'
            WHEN "0001" => segment_data <= "11111001";   --显示'1'
            WHEN "0010" => segment_data <= "10100100";   --显示'2'
            WHEN "0011" => segment_data <= "10110000";   --显示'3'
            WHEN "0100" => segment_data <= "10011001";   --显示'4'
            WHEN "0101" => segment_data <= "10010010";   --显示'5'
            WHEN "0110" => segment_data <= "10000010";   --显示'6'
            WHEN "0111" => segment_data <= "11111000";   --显示'7'
            WHEN "1000" => segment_data <= "10000000";   --显示'8'
            WHEN "1001" => segment_data <= "10010000";   --显示'9'
            WHEN "1010" => segment_data <= "10001000";   --显示'a'
            WHEN "1011" => segment_data <= "10000011";   --显示'b'
            WHEN "1100" => segment_data <= "11000110";   --显示'c'
            WHEN "1101" => segment_data <= "10100001";   --显示'd'
            WHEN "1110" => segment_data <= "10000110";   --显示'e'
            WHEN "1111" => segment_data <= "10001110";   --显示'f'
            WHEN OTHERS => segment_data <= "11000001";   --显示'U'
        END CASE;
    END PROCESS;
END a;
```

第6章 EDA实验项目推荐

6.1 自动售货机控制系统设计

6.1.1 设计要求

设计一个自动售货控制系统,该系统能够实现对货物信息的存储、硬币处理、余额计算以及显示等功能,其基本要求如下:

(1) 顾客可以选择所要购买商品的种类和数量。
(2) 通过按键,可以投入钱币,售货机自动计数。
(3) 输出顾客所要购买的商品并找币。
(4) 到一定的时间没有操作时自动结束操作。

6.1.2 设计分析

在该设计中,可以假设自动售货机可以管理四种商品,每种商品的数量和单价在初始化的时候输入,在存储器中存储。用户可以用硬币进行购物,利用按键进行选择。售货过程是根据顾客投入的硬币,判断钱币是否足够,钱币足够则根据顾客要求自动售货,并计算找零以及显示;若钱币不够则给出提示并推出。

设计过程及原理如下:

首先将每种商品的数量和单价输入到 RAM 中,然后顾客通过按键对所需商品进行选择,选定后通过相应的按键进行购买,并按键找零,同时结束此次交易。

按购买键时,如果投的钱数等于或者大于所购买的商品单价,则自动售货机给出所购买的物品,并进行找零操作;如果钱数不够,则自动售货机不做响应,并等待顾客的下次操作。顾客的下次操作可以继续投币,直到钱数满足所需付款的数量,也可以按结束键退币。系统框图如图 6.1 所示。

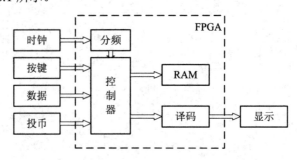

图 6.1 自动售货机控制系统设计框图

6.2 PS/2 键盘接口控制器设计

6.2.1 设计要求

(1) 设计 PS/2 键盘接口控制器,按照 PS/2 键盘接口标准设计一个控制器,接收 PS/2 键盘发送的数据。

(2) 用数码管和 8×8 点阵显示接收到的键值。其中,0~9 用数码管显示,a~z 用 8×8 点阵显示,接收到的其他键值则不做显示。

6.2.2 设计分析

1. PS/2 传输协议简介

PS/2 键盘具有六角 MINI-DIN 连接器,其每个引脚的分布参考 5.3.1 节 PS/2 连接器接口定义部分。在 PS/2 接口定义中,4 号引脚为电源端(5 V)、1 号引脚为数据端(D)、3 号引脚为接地端(GND)、5 号引脚为时钟端(CLK)、2 和 6 号没有定义(N/C)。

在设计要求中,PS/2 键盘通过 CLOCK 引脚来控制通信方向并且充当本次设计的一个时钟引脚。DATA 引脚用来收/发数据,每按下一个键,DATA 引脚发送一个数据帧,具体时序如图 6.2 所示。

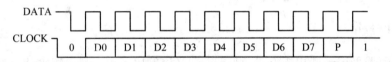

图 6.2 控制时序图

其中第 1 位为起始位,数据总为 0。第 2 位到第 9 位为数据位,是从键盘传输过来的数据。第 10 位为奇偶效验位。第 11 位为停止位,数据总为 1。

2. 8×8 点阵显示器

8×8 点阵显示器是逐行扫描的,每一行中的 LED 灯是根据相应的信息选择亮或是不亮。所以系统的时钟频率非常快,可以不断地循环扫描,使得对每次点阵的单行显示看起来是一个整体显示,这就是所谓的视觉暂留。

字母的译码与字模的设置:字模信息的每一行就是 8×8 点阵显示器每一行所显示的信息,将字模中的每一行按照字模的配置信息循环显示,则可成为完整的一个字的图像。例如:当检测到 PS/2 键盘的信息是 i 的通码 01000011 时,点阵控制器则要根据 i 的字模信息,逐行给 8×8 点阵显示器控制信息。其字模控制信息如下:

11111111
11110111
11111111
11100111
11110111

```
1 1 1 1 0 1 1 1
1 1 1 1 0 1 1 1
1 1 1 0 0 0 1 1
```

根据设计要求及分析,可以将系统的整个过程分为三个部分:

(1) 数据采集部分:采集 PS/2 键盘的信号。

(2) 数据译码部分:将采集到的有效信号转换成字模信息。

(3) 数码管及 8×8 点阵显示控制部分:通过字模信息来控制数码管及 8×8 点阵显示器显示所需的文字信息。该系统的原理设计框图如图 6.3 所示。

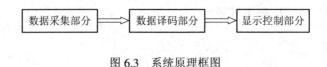

图 6.3 系统原理框图

6.3 VGA 图像显示控制系统设计

6.3.1 设计要求

用 FPGA 直接控制 VGA 显示器实现一幅给定图像的显示,每个像素点用 24 比特量化,R、G、B 三基色分别采用 8 比特表示。

6.3.2 设计分析

VGA 显示器采用光栅扫描方式,即轰击荧光屏的电子束在显示器上从左到右、从上到下地作有规律的移动。因此,VGA 显示器总是从左上角开始扫描,先水平扫描完一行(640 个像素点)至最右边,然后回到最左边开始下一行的扫描,如此循环直至扫描到右下角,即完成一帧图像(480 行)的扫描。

在 VGA 显示器的扫描过程中,其水平移动由水平同步信号 HSYNC 控制,完成一行扫描的时间称为水平扫描时间,其倒数称为行频。与此类似,垂直移动受垂直同步信号 VSYNC 的控制,完成一帧扫描的时间称为垂直扫描时间,其倒数称为场频。

VGA 显示器与 FPGA 通过 VGA 接口进行连接。VGA 接口(如图 6.4 所示)是一种 D 型接口,上面共有 15 个针孔(地址码、行同步、场同步),分成三排,每排五个。其中,2 根 NC(Not Connect)信号、3 根显示数据总线和 5 个 GND 信号,比较重要的是 3 根 RGB 彩色分量信号和 2 根扫描同步信号 HS 和 VS。VGA 接口中彩色分量采用 RS-343 电平标准。

VGA 图像显示控制需要注意两个问题:一个是 VGA 信号的电平驱动。VGA 工业标准要求的时钟频率为 25.175 MHz,行频为 31469 Hz,场频为 59.94 Hz;

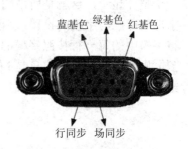

图 6.4 VGA 接口

另一个是时序的驱动,这是完成设计的关键,时序稍有偏差,显示必然不正常。VGA 行扫描及场扫描的时序图如图 6.5 和图 6.6 所示,其时序要求分别由表 6.1 及表 6.2 给出。

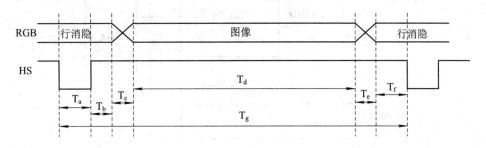

图 6.5 行扫描时序

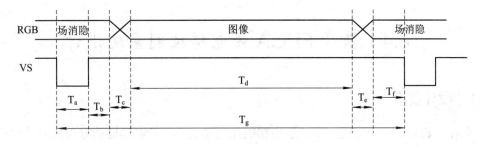

图 6.6 场扫描时序

表 6.1 行扫描时序要求

对应位置		行同步头			行图像		行周期
	T_f	T_a	T_b	T_c	T_d	T_e	T_g
时间	8	96	40	8	640	8	800

表 6.2 场扫描时序要求

对应位置		场同步头			场图像		场周期
	T_f	T_a	T_b	T_c	T_d	T_e	T_g
时间	2	2	25	8	480	8	525

在该设计中,对一幅给定的图像,首先应将图像的像素信息存入 FPGA 的片内 ROM 中,然后按照上述时序关系图,给 VGA 显示器上对应的点赋值,就可以实现图像的显示了。

对一幅 256×256 的图像,每个像素点用 24 比特量化,则需要存储图像的 ROM 单元数为 65 536,即地址线宽度需要 16 比特,数据线宽度为 24 比特。图像的 RGB 三基色数据,可以编写 MATLAB 程序生成 .mif 文件,也可以编写 C 语言程序得到,此处不做详细介绍。根据上述的行、场时序图,可以设计两个计数器,一个是行扫描计数器,进行模 800 计数;一个是场扫描计数器,进行模 525 计数。按照 VGA 工业标准,行扫描计数器的驱动时钟为 25.175 MHz。FPGA 控制 VGA 显示的结构框图如图 6.7 所示。

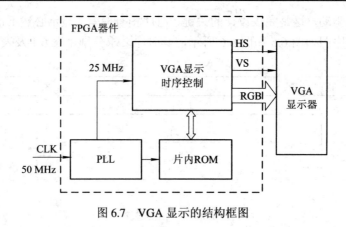

图 6.7 VGA 显示的结构框图

6.4 基于 FPGA 的电梯控制系统设计

6.4.1 设计要求

要求用 FPGA 设计实现一个三层电梯的控制系统，该控制器遵循方向优先原则控制电梯完成三层楼的载客服务，系统的具体要求如下：

(1) 当电梯处在上升状态时，只执行比电梯所在位置高的上楼请求，由下向上逐个执行。如果高层有下楼请求，则直接升到有下楼请求的最高楼层，然后进入下降状态。

(2) 电梯上升或者下降一个楼层的时间均为 1 s。

(3) 电梯初始状态为一层，处在开门状态，开门指示灯亮。

(4) 每层电梯入口处均设有上下请求开关，电梯内部设有乘客到达楼层时停站请求开关及其显示。

(5) 电梯到达有停站请求的楼层后，电梯门打开，开门指示灯亮，开门 4 s 后，电梯门关闭，开门指示灯灭，电梯继续运行，直至完成最后一个请求信号后停在所在楼层。

(6) 设置电梯所处位置的指示及上升、下降指示。

(7) 电梯控制系统能记忆电梯内外的请求信号，每个请求信号完成后消除记录。

(8) 能检测是否超载并设有报警信号。

6.4.2 设计分析

电梯控制系统是通过乘客在电梯内外的请求信号控制上升或者下降的，而楼层信号由电梯本身的装置触发，从而确定电梯处在哪个楼层。乘客在电梯中选择所要到达的楼层，通过主控制器的处理，电梯开始运行，状态显示器显示电梯的运行状态，电梯所在的楼层数通过 LED 数码管显示。

电梯门的状态分为开门、关门和正在关门三种状态，并通过开门信号、上升预操作和下降预操作来实现。其系统设计框图如图 6.8 所示。

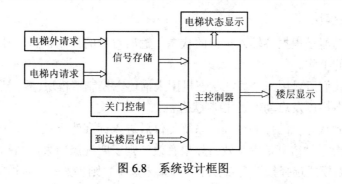

图 6.8　系统设计框图

6.5　洗衣机洗涤控制系统设计

6.5.1　设计要求

设计一个洗衣机洗涤控制系统，使其具体满足以下要求：

(1) 具备三种洗涤模式：强洗、标准、轻柔。强洗模式下，正向转 5 s，停 2 s，再反向转 5 s，停 2 s，如此循环，直至达到所设定的洗涤时间。标准模式及轻柔模式下，其控制过程与强洗模式相同，只是将正向及反向时间均设置为 3 s，停止时间设置为 1.5 s。轻柔模式下，正、反向时间均设置为 2 s，停止时间设置为 1 s。

(2) 洗衣机的洗涤定时有三种选择：5 min、10 min、15 min。

(3) 初始状态设置为标准模式，定时时间为 15 min。

(4) 设置模式选择和时间选择按键，每按一次按键就转换一次，可多次进行循环选择。

(5) 当一次洗涤过程结束后，自动返回初始状态，等待下一次洗涤过程的开始。

(6) 设置启动停止按键，每按一次，状态跟随转换一次。

6.5.2　设计分析

通过对上述洗衣机洗涤控制系统要求的分析，可以设计如图 6.9 所示的系统结构框图。该系统可由四个模块组成：主控制器模块、主分频器模块、洗涤定时控制模块以及水流控制模块。

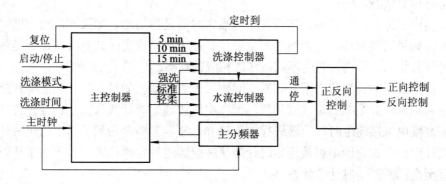

图 6.9　洗涤控制系统设计框图

1. 主控制器模块

主控制器的功能是根据各输入按键的状态，输出对应的控制状态信号，控制洗涤定时器的水流控制器的工作。

在本设计中我们可以用三个算法状态机图来描述主控制器模块：模式选择控制状态机、定时选择控制状态机以及启动\停止控制状态机。

模式选择控制状态机的控制过程：系统复位后进入标准洗涤模式，并输出标准模式状态信号，接着判断定时结束是否有效。如果有效，则表明洗涤结束，回到标准模式状态；如果无效，则判断模式选择按键是否按下。如果未按下，则仍然处于标准模式；如已按下，则进入轻柔状态。通过类似的操作和判断，则状态机可以在标准、轻柔和强洗三种模式下循环选择和工作，并送出相应的状态信号。

定时选择控制状态机的控制过程：定时选择控制状态机和模式选择控制状态机的控制过程是一致的，只需要将标准、轻柔和强洗三种模式换为 5 min、10 min 和 15 min 即可。

启动\停止控制状态机的控制过程：启动\停止控制状态机包含两种状态，即停止状态和启动状态。系统复位时进入停止状态，当按下启动\停止按键时状态转移到启动状态，并送出启动控制信号。再按一次启动\停止按键，则回到停止状态，暂停洗涤工作。

2. 洗涤定时器模块

洗涤定时器模块的状态机有三种状态：停止状态、计时状态和暂停状态。

系统复位后进入停止状态。在停止状态不断判断启动信号是否有效，如若有效，则定时器开始工作，否则仍停留在停止状态。

在计时状态下，先判断启动信号是否有效。如果有效，则继续判断分时钟上升沿是否到来。如果未到来，则仍然停留在计时状态；若分时钟的上升沿已经到来，则分计数器进行加 1 操作。接着判断是否到了指定的定时计时值。如果未到计时值，则停留在计时状态，如果到了计时值，则停止计时，状态转移至停止状态。

在停止状态，继续判断启动信号，无效，则停留在停止状态；有效，则状态转移至计时状态。

3. 水流控制器模块

水流控制器模块的算法状态机有三种状态：停止状态、电机接通定时计数状态以及电机断开定时计数状态。

系统复位后进入停止状态，接着判断洗涤定时器是否启动。如果未启动，则仍停留在停止状态。如果已经启动，则判断当前电机是处在电机接通定时计数状态，还是处在电机断开定时计数状态。根据设置的不同，转入相应的状态。

在电机接通定时计数状态下，判断定时信号是否有效。如果有效，则继续判断分时钟上升沿是否到来。如果未到来，则仍然停留在电机接通定时计数状态；若分时钟的上升沿已经到来，则电机接通定时计数器进行加 1 操作。接着判断是否到了指定的定时计时值。如果未到计时值，则返回电机接通定时计数状态继续进行定时计数；如果到了计时值，则状态转移至电机断开定时计数状态。

电机断开定时计数状态与电机接通定时计数状态的过程类似，请读者自行分析。

6.6 基于 FPGA 的多路数据采集系统设计

6.6.1 设计要求

设计一个八路数据采集系统，使其能够采集到信号发生器所产生的八路数据，并将其地址和信息显示出来。

6.6.2 设计分析

系统设计原理框图如图 6.10 所示。模块具体功能分析如下：

(1) 八路数据采集器：数据采集器的第一至七路分别输入来自直流电源的 6~0 V 直流电压，第八路备用。

(2) 主控器：主控器串行传输线对各路数据进行采集和显示。

图 6.10 系统设计原理框图

6.7 综合设计报告参考格式

EDA 实验综合设计报告格式包括封面、正文、参考文献和附录几部分，为了进一步规范所提交的综合设计报告格式，下面给出一个简单的报告模板格式。

6.7.1 报告封面格式

封面内容包括：
(1) 标题：×××实验综合设计报告；【居中，小一号宋体，1.5 倍行距】
(2) 综合设计题目：×××设计；【居中，小一号宋体，1.5 倍行距】
(3) 姓名、学号和指导老师；【三号宋体，1.5 倍行距】
(4) 年、月、日。【三号宋体，1.5 倍行距】

6.7.2 报告正文格式

综合设计报告正文一般包括概述、实现原理、实现方法、实现过程、实现结果、结论和参考文献 7 个部分，各部分所包含的具体内容如下：

1. 概述【标题 1，四号宋体、加粗，1.5 倍行距】
简述设计任务要求、所用软件工具和硬件平台等。【正文，小四号宋体，1.5 倍行距】

2．实现原理【标题1，四号宋体、加粗，1.5倍行距】

简述设计中所用到的相关原理、满足设计要求的指标分析等。【正文，小四号宋体，1.5倍行距】

3．实现方法【标题1，四号宋体、加粗，1.5倍行距】

综合设计实现方案、方案比较、选定实现方案的原理框图及程序流程图等。

3.1 本设计实现方案分析【标题2，小四号宋体，1.5倍行距】

正文……【正文，小四号宋体，1.5倍行距】

3.2 本设计实现框图【标题2，小四号宋体，1.5倍行距】

正文……【正文，小四号宋体，1.5倍行距】

4．实现过程【标题1，四号宋体、加粗，1.5倍行距】

综合设计的具体实现过程，包括实现方案中各模块具体实现、关键模块的仿真波形等。

4.1 各模块具体实现【标题2，小四号宋体，1.5倍行距】

正文……【正文，小四号宋体，1.5倍行距】

4.2 关键模块仿真波形【标题2，小四号宋体，1.5倍行距】

正文……【正文，小四号宋体，1.5倍行距】

5．实现结果【标题1，四号宋体、加粗，1.5倍行距】

综合设计的设计结果，达到的设计效果。【正文，小四号宋体，1.5倍行距】

6．结论【标题1，四号宋体、加粗，1.5倍行距】

综合设计中存在问题及原因分析，通过设计所获得的收获以及感受等。【正文，小四号宋体，1.5倍行距】

7．参考文献

完成设计报告所参考的相关技术文档、期刊和论文等，也包括参考的网站资料。具体格式为：

参考文献【标题1，四号宋体、加粗，1.5倍行距】

[1] 作者，文档名称，期刊或出版社，年月日；【正文，五号字体，单倍行距】

[2] ……

注意：正文中的图和表中的文字应比正文的字号小一号，如正文文字为小四号，则图、表中的文字应该为五号字体，并且图的说明放在图的下方居中位置，如"图 1 ×××"；表的说明放在表的上方居中位置，如"表 1 ××××"。所有图和表在正文中需要有相应的引用说明，即正文中必须有类似"××××如图×所示"的文字。

6.7.3 报告附录格式

附录包括电路图、结果照片、关键模块的程序代码等。

6.7.4 报告的其他部分格式

综合设计报告也可以包含目录、页眉及页码等，相关格式可以参考文档的排版格式和要求。

附 录

附录1 Verilog HDL 中常用运算符

运算类型	运算符号	说明
按位运算	~	二进制按位取反，单目运算符
	&	按位与
	|	按位或
	^	按位异或
	~&	按位与非
	~|	按位或非
	~^	按位同或(异或非)
逻辑运算	!	逻辑非
	&&	逻辑与
	||	逻辑或
算数运算	+	加法
	-	减法
	-	二进制补码，单目运算符
	*	乘法
	/	除法
	%	取模
关系运算	>	大于
	<	小于
	>=	大于等于
	<=	小于等于
混合运算	>>	右移
	<<	左移
	? :	(条件)?(真):(假)
	{,}	连接
	{m{}}	重复 m 次

附录2 VHDL中常用运算符

优先级	运算类型	运算符	说明	操作数据类型
高 ↓ ①	逻辑运算	not	非	bit, boolean, std_logic
	算数运算	abs	绝对值	整数
		**	乘方	
		rem	取余	
		mod	求模	
		/	除法	整数和实数
		*	乘法	
		-	负	整数
		+	正	
	并置	&	位连接	一维数组
	算数运算	-	减法	整数
		+	加法	
① ↓ 低	关系运算	=	等于	任何数据类型
		/=	不等于	
		>	大于	
		<	小于	
		>=	大于等于	
		<=	小于等于	
	逻辑运算	and	与	bit, boolean, std_logic
		or	或	
		nand	与非	
		nor	或非	
		xor	异或	
		xnor	同或(异或非)	

附录3 DE0开发板引脚分配表

附表1 DE0开发板七段显示器引脚分配表

信号名称	FPGA 引脚	描述
HEX0_D[0]	PIN_E11	七段显示器 0[0]
HEX0_D[1]	PIN_F11	七段显示器 0[1]
HEX0_D[2]	PIN_H12	七段显示器 0[2]
HEX0_D[3]	PIN_H13	七段显示器 0[3]
HEX0_D[4]	PIN_G12	七段显示器 0[4]
HEX0_D[5]	PIN_F12	七段显示器 0[5]
HEX0_D[6]	PIN_F13	七段显示器 0[6]
HEX0_DP	PIN_D13	七段显示器小数点 0
HEX1_D[0]	PIN_A13	七段显示器 1[0]
HEX1_D[1]	PIN_B13	七段显示器 1[1]
HEX1_D[2]	PIN_C13	七段显示器 1[2]
HEX1_D[3]	PIN_A14	七段显示器 1[3]
HEX1_D[4]	PIN_B14	七段显示器 1[4]
HEX1_D[5]	PIN_E14	七段显示器 1[5]
HEX1_D[6]	PIN_A15	七段显示器 1[6]
HEX1_DP	PIN_B15	七段显示器小数点 1
HEX2_D[0]	PIN_D15	七段显示器 2[0]
HEX2_D[1]	PIN_A16	七段显示器 2[1]
HEX2_D[2]	PIN_B16	七段显示器 2[2]
HEX2_D[3]	PIN_E15	七段显示器 2[3]
HEX2_D[4]	PIN_A17	七段显示器 2[4]
HEX2_D[5]	PIN_B17	七段显示器 2[5]
HEX2_D[6]	PIN_F14	七段显示器 2[6]
HEX2_DP	PIN_A18	七段显示器小数点 2
HEX3_D[0]	PIN_B18	七段显示器 3[0]
HEX3_D[1]	PIN_F15	七段显示器 3[1]
HEX3_D[2]	PIN_A19	七段显示器 3[2]
HEX3_D[3]	PIN_B19	七段显示器 3[3]
HEX3_D[4]	PIN_C19	七段显示器 3[4]
HEX3_D[5]	PIN_D19	七段显示器 3[5]
HEX3_D[6]	PIN_G15	七段显示器 3[6]
HEX3_DP	PIN_G16	七段显示器小数点 3

附表 2　DE0 开发板 SDRAM 引脚分配表

信号名称	FPGA 引脚	描述
DRAM_ADDR[0]	PIN_C4	SDRAM 地址[0]
DRAM_ADDR[1]	PIN_A3	SDRAM 地址[1]
DRAM_ADDR[2]	PIN_B3	SDRAM 地址[2]
DRAM_ADDR[3]	PIN_C3	SDRAM 地址[3]
DRAM_ADDR[4]	PIN_A5	SDRAM 地址[4]
DRAM_ADDR[5]	PIN_C6	SDRAM 地址[5]
DRAM_ADDR[6]	PIN_B6	SDRAM 地址[6]
DRAM_ADDR[7]	PIN_A6	SDRAM 地址[7]
DRAM_ADDR[8]	PIN_C7	SDRAM 地址[8]
DRAM_ADDR[9]	PIN_B7	SDRAM 地址[9]
DRAM_ADDR[10]	PIN_B4	SDRAM 地址[10]
DRAM_ADDR[11]	PIN_A7	SDRAM 地址[11]
DRAM_ADDR[12]	PIN_C8	SDRAM 地址[12]
DRAM_DQ[0]	PIN_D10	SDRAM 数据[0]
DRAM_DQ[1]	PIN_G10	SDRAM 数据[1]
DRAM_DQ[2]	PIN_H10	SDRAM 数据[2]
DRAM_DQ[3]	PIN_E9	SDRAM 数据[3]
DRAM_DQ[4]	PIN_F9	SDRAM 数据[4]
DRAM_DQ[5]	PIN_G9	SDRAM 数据[5]
DRAM_DQ[6]	PIN_H9	SDRAM 数据[6]
DRAM_DQ[7]	PIN_F8	SDRAM 数据[7]
DRAM_DQ[8]	PIN_A8	SDRAM 数据[8]
DRAM_DQ[9]	PIN_B9	SDRAM 数据[9]
DRAM_DQ[10]	PIN_A9	SDRAM 数据[10]
DRAM_DQ[11]	PIN_C10	SDRAM 数据[11]
DRAM_DQ[12]	PIN_B10	SDRAM 数据[12]
DRAM_DQ[13]	PIN_A10	SDRAM 数据[13]
DRAM_DQ[14]	PIN_E10	SDRAM 数据[14]
DRAM_DQ[15]	PIN_F10	SDRAM 数据[15]
DRAM_BA_0	PIN_B5	SDRAM Bank 地址[0]
DRAM_BA_1	PIN_A4	SDRAM Bank 地址[1]
DRAM_LDQM	PIN_E7	SDRAM 低字节屏蔽
DRAM_UDQM	PIN_B8	SDRAM 高字节屏蔽
DRAM_RAS_N	PIN_F7	SDRAM 行地址锁存
DRAM_CAS_N	PIN_G8	SDRAM 列地址锁存
DRAM_CKE	PIN_E6	SDRAM 时钟使能
DRAM_CLK	PIN_E5	SDRAM 时钟
DRAM_WE_N	PIN_D6	SDRAM 写使能
DRAM_CS_N	PIN_G7	SDRAM 片选

附表 3 DE0 开发板 Flash 引脚分配表

信号名称	FPGA 引脚	描述
FL_ADDR[0]	PIN_P7	FLASH 地址[0]
FL_ADDR[1]	PIN_P5	FLASH 地址[1]
FL_ADDR[2]	PIN_P6	FLASH 地址[2]
FL_ADDR[3]	PIN_N7	FLASH 地址[3]
FL_ADDR[4]	PIN_N5	FLASH 地址[4]
FL_ADDR[5]	PIN_N6	FLASH 地址[5]
FL_ADDR[6]	PIN_M8	FLASH 地址[6]
FL_ADDR[7]	PIN_M4	FLASH 地址[7]
FL_ADDR[8]	PIN_P2	FLASH 地址[8]
FL_ADDR[9]	PIN_N2	FLASH 地址[9]
FL_ADDR[10]	PIN_N1	FLASH 地址[10]
FL_ADDR[11]	PIN_M3	FLASH 地址[11]
FL_ADDR[12]	PIN_M2	FLASH 地址[12]
FL_ADDR[13]	PIN_M1	FLASH 地址[13]
FL_ADDR[14]	PIN_L7	FLASH 地址[14]
FL_ADDR[15]	PIN_L6	FLASH 地址[15]
FL_ADDR[16]	PIN_AA2	FLASH 地址[16]
FL_ADDR[17]	PIN_M5	FLASH 地址[17]
FL_ADDR[18]	PIN_M6	FLASH 地址[18]
FL_ADDR[19]	PIN_P1	FLASH 地址[19]
FL_ADDR[20]	PIN_P3	FLASH 地址[20]
FL_ADDR[21]	PIN_R2	FLASH 地址[21]
FL_DQ[0]	PIN_R7	FLASH 数据[0]
FL_DQ[1]	PIN_P8	FLASH 数据[1]
FL_DQ[2]	PIN_R8	FLASH 数据[2]
FL_DQ[3]	PIN_U1	FLASH 数据[3]
FL_DQ[4]	PIN_V2	FLASH 数据[4]
FL_DQ[5]	PIN_V3	FLASH 数据[5]
FL_DQ[6]	PIN_W1	FLASH 数据[6]
FL_DQ[7]	PIN_Y1	FLASH 数据[7]
FL_DQ[8]	PIN_T5	FLASH 数据[8]
FL_DQ[9]	PIN_T7	FLASH 数据[9]

续表

信号名称	FPGA 引脚	描 述
FL_DQ[10]	PIN _T4	FLASH 数据[10]
FL_DQ[11]	PIN _U2	FLASH 数据[11]
FL_DQ[12]	PIN _V1	FLASH 数据[12]
FL_DQ[13]	PIN _V4	FLASH 数据[13]
FL_DQ[14]	PIN _W2	FLASH 数据[14]
FL_DQ15_AM1	PIN _Y2	FLASH 数据[15]
FL_BYTE_N	PIN_AA1	FLASH 字节/字模式配置
FL_CE_N	PIN_N8	FLASH 芯片使能
FL_OE_N	PIN_R6	FLASH 输出使能
FL_RST_N	PIN_R1	FLASH 复位
FL_RY	PIN_M7	FLASH 准备好/忙输出
FL_WE_N	PIN_P4	FLASH 写使能
FL_WP_N	PIN_T3	FLASH 写保护/编程加速

附录 4 DE0 开发板原理图

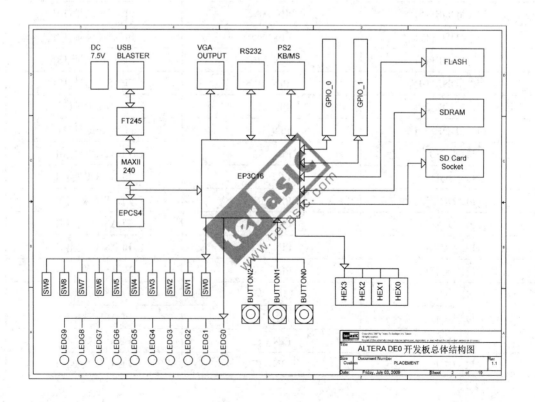

附　录

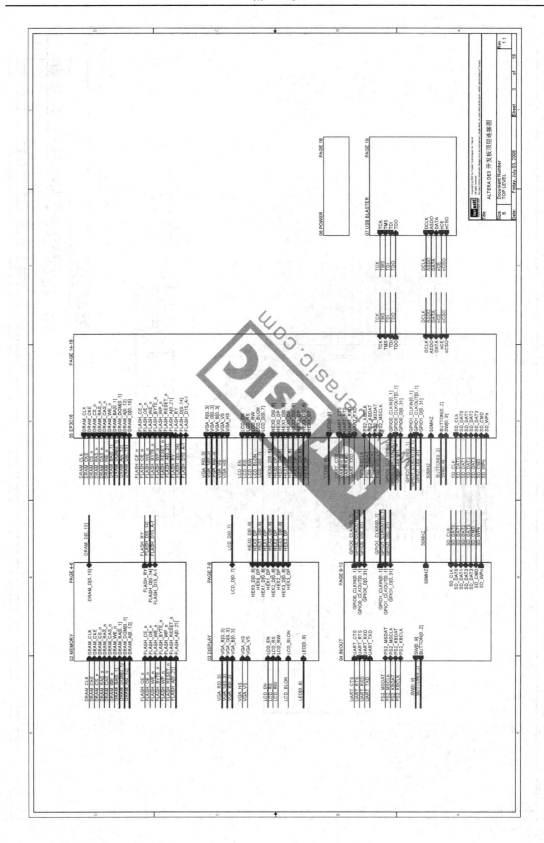

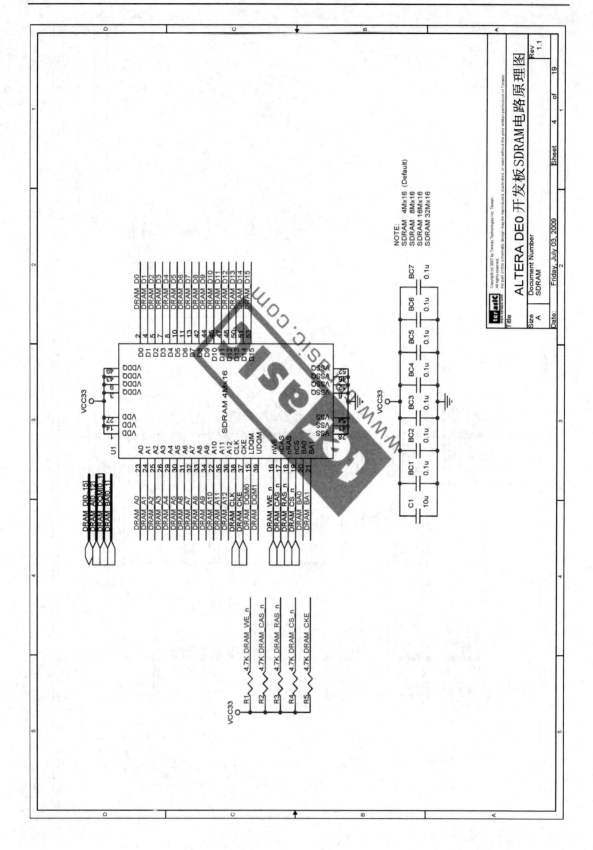

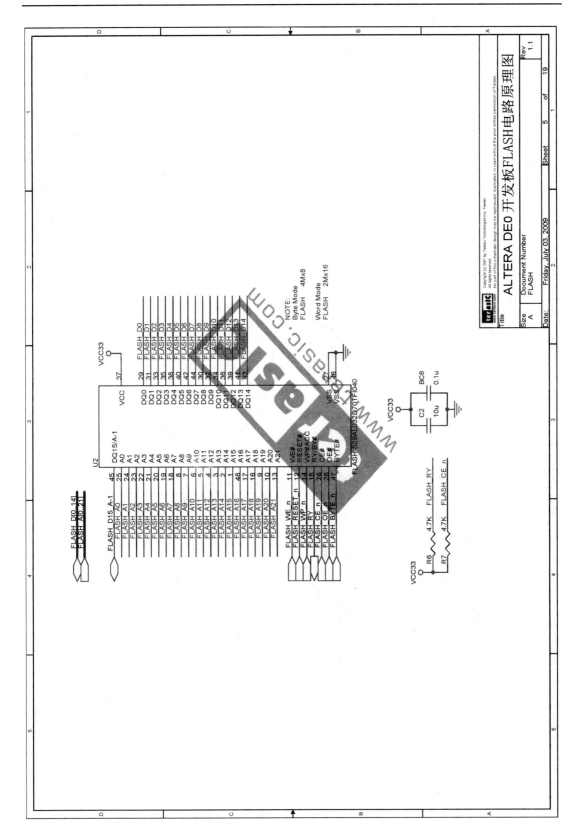

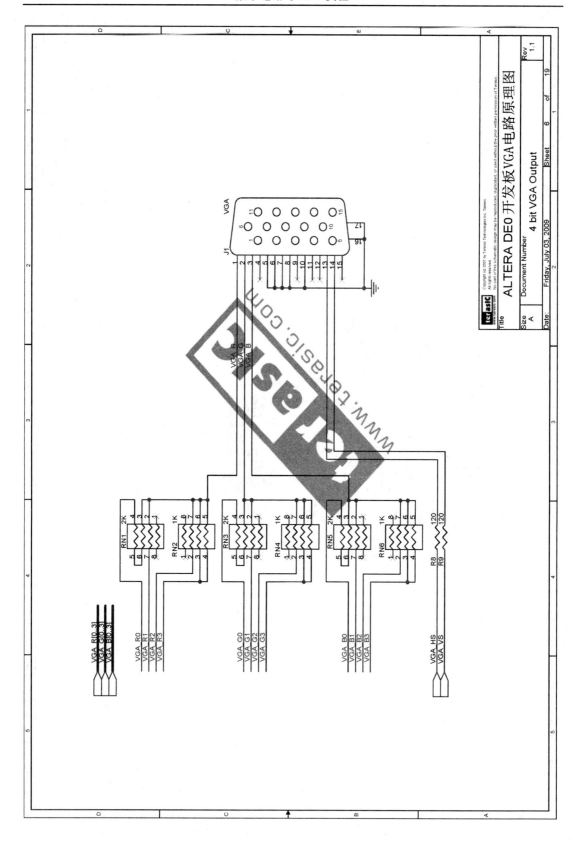

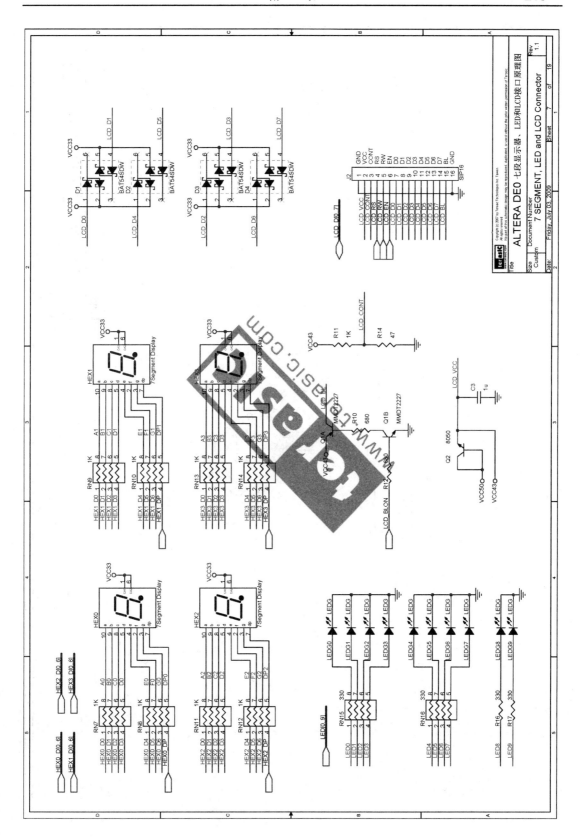

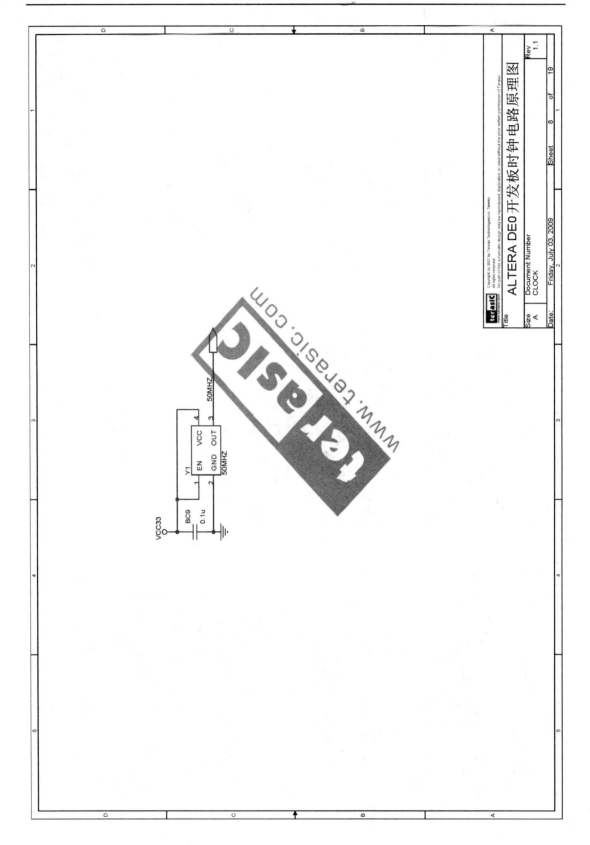

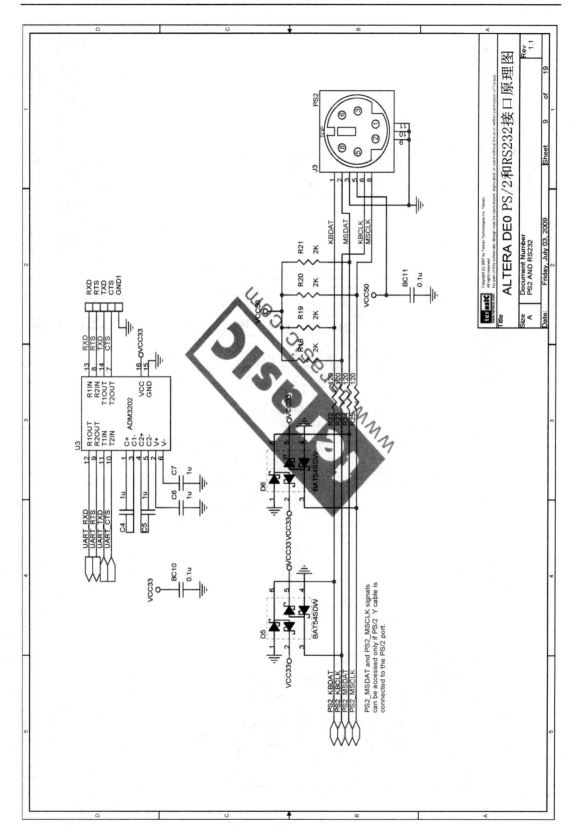

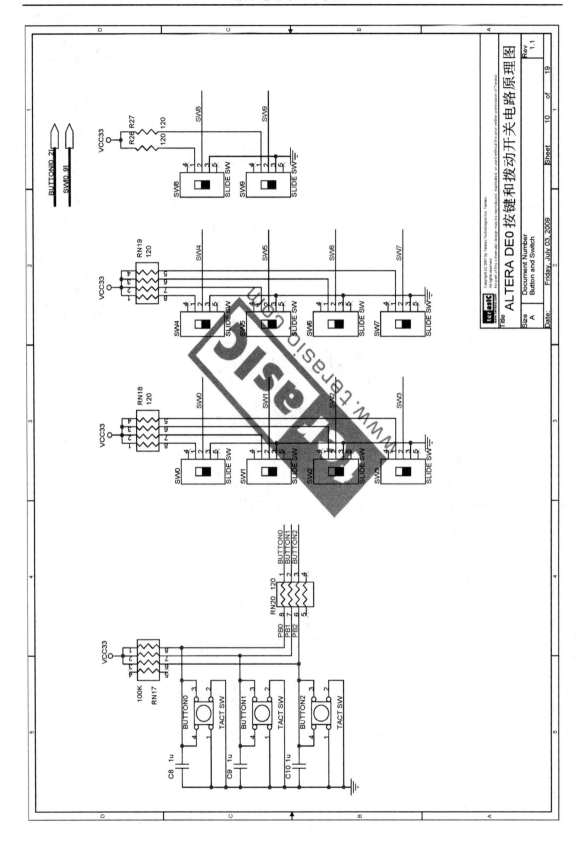

附 录

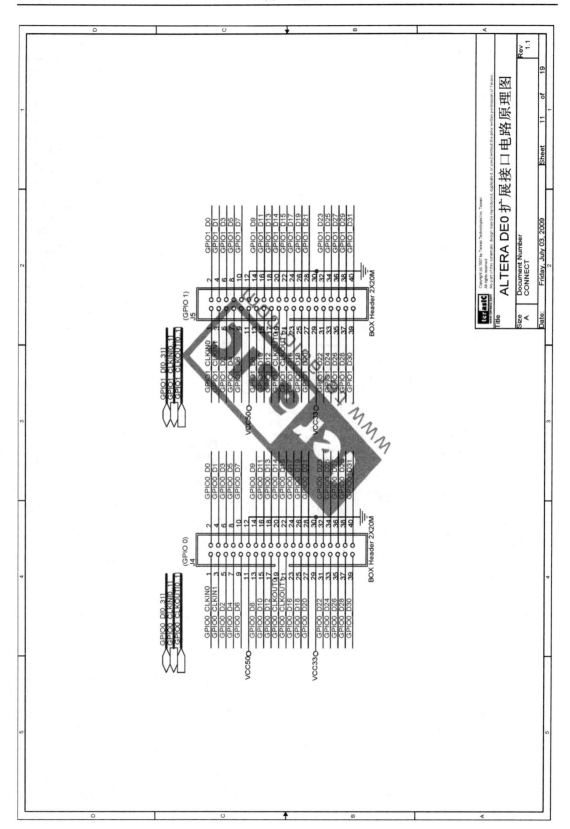

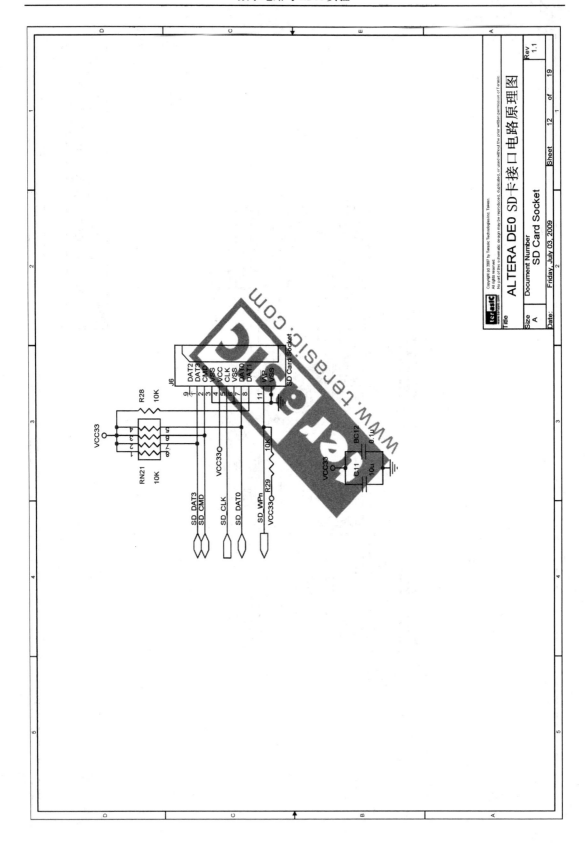

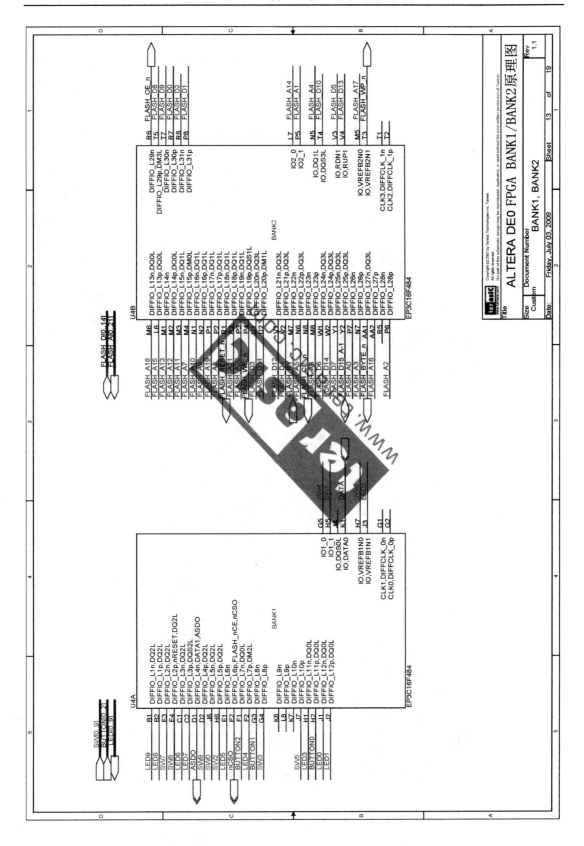

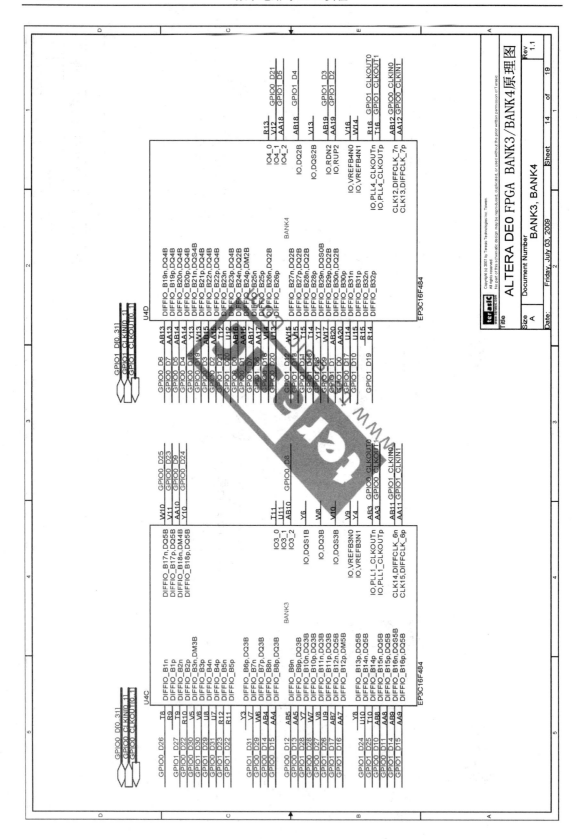

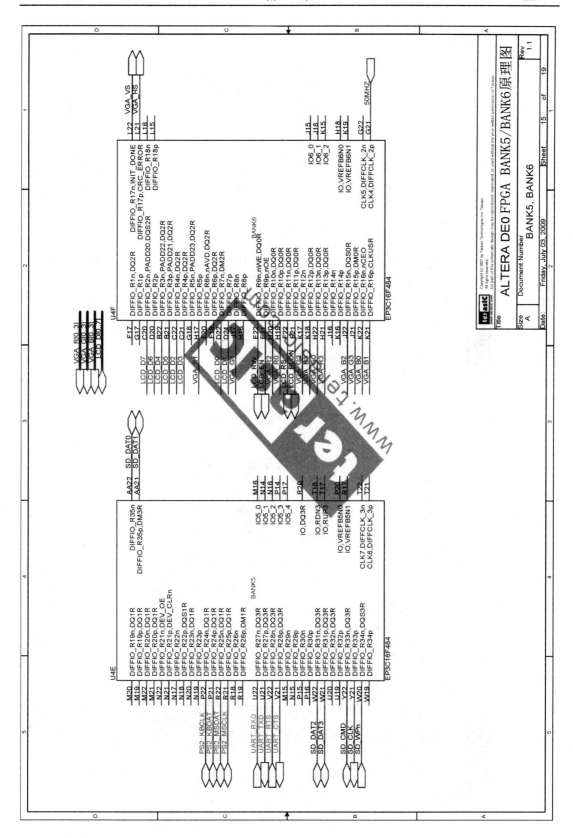

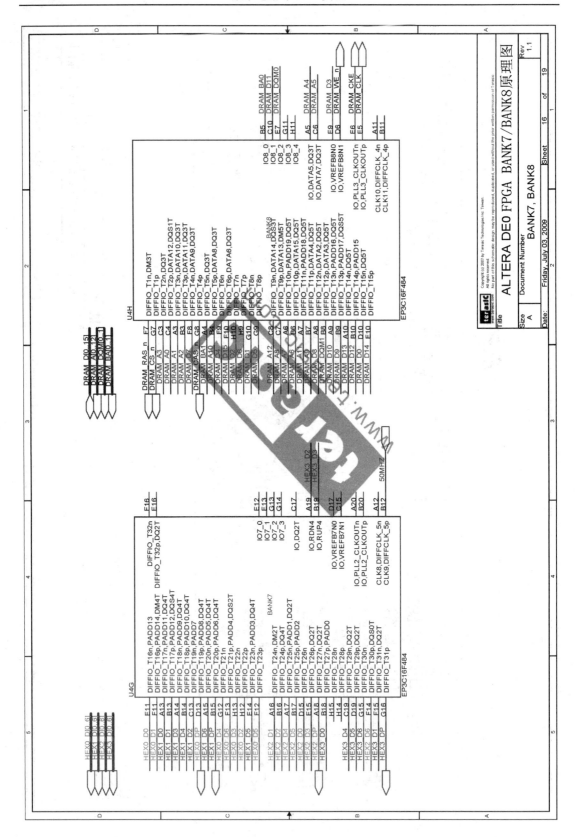

— 229 —

附　录

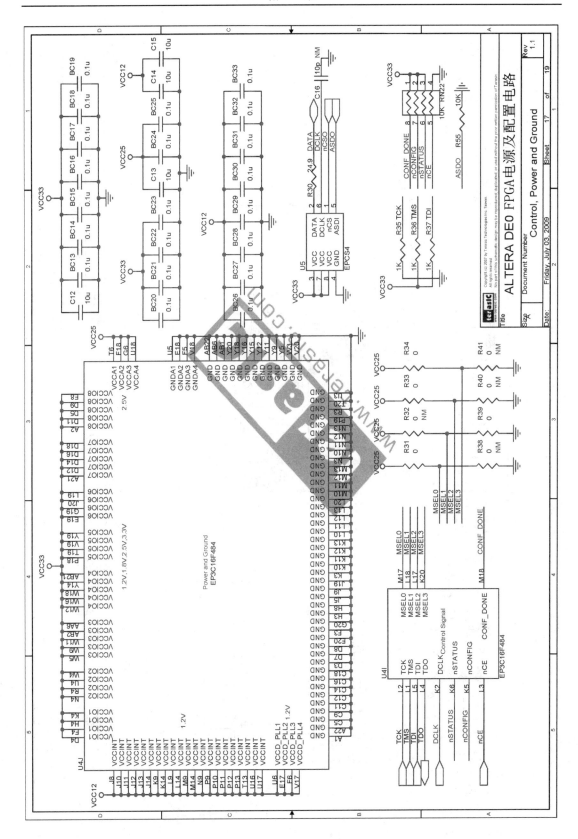

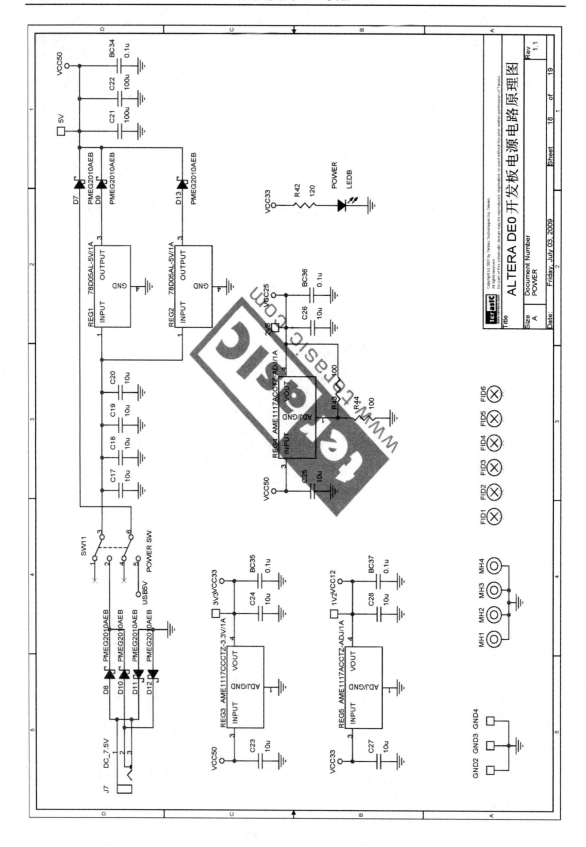

附 录

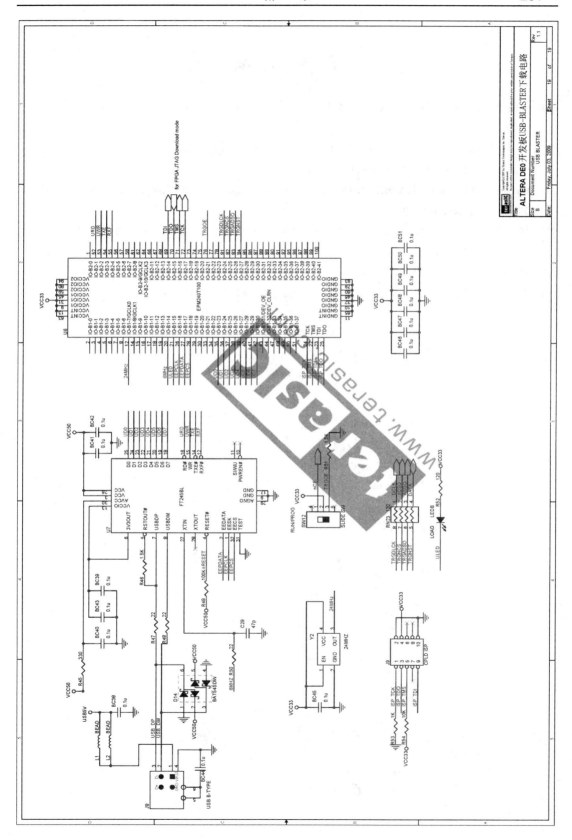

参 考 文 献

[1] 任爱锋，初秀琴，常存，孙肖子. 基于 FPGA 的嵌入式系统设计. 西安：西安电子科技大学出版社，2004.

[2] Verilog HDL 基础之：程序基本结构. http://www.eefocus.com/fpga/322212.

[3] 台湾友晶科技. DE0 User Manual.pdf.

[4] Blandford D K, Verilog Tutorial. Department of Electrical Engineering and Computer Science. University of Evansville. February 23, 2006.

[5] 任爱锋，罗丰，宋士权，董怡斌. 基于 FPGA 的嵌入式系统设计—Altera SoC FPGA. 2 版. 西安：西安电子科技大学出版社，2014.

[6] 徐少莹，任爱锋. 数字电路与 FPGA 设计实验教程. 西安：西安电子科技大学出版社，2012.

[7] 孙肖子，邓建国，钱聪，等. 电子设计指南. 北京：高等教育出版社，2006.